气象预报预测系列教材

# *T*-ln*p* 图在天气分析和预报中的应用

章丽娜　编著

气象出版社
China Meteorological Press

## 内容简介

本书对如何在天气分析和预报中使用 $T$-$\ln p$ 图进行了详细介绍。在回顾热力学相关基础知识和深厚湿对流发生发展的天气及环境条件的基础上,详细介绍了 $T$-$\ln p$ 图的基本结构和绘制方法、大气静力稳定度的概念和判别方法、常用大气对流参数的定义和使用时的注意事项、探空订正方法。结合实例分析,说明了如何在实际天气分析和预报中应用 $T$-$\ln p$ 图。

本书主要作为新入职天气预报员的培训教材,也可以作为高等院校大气科学及相关专业的教材或参考书,同时也可以作为天气预报相关行业业务与研究人员以及大气科学相关专业大学教师和研究人员的业务参考书。

## 图书在版编目(CIP)数据

T-1np图在天气分析和预报中的应用 / 章丽娜编著
. -- 北京 : 气象出版社, 2022.7
ISBN 978-7-5029-7746-7

Ⅰ. ①T… Ⅱ. ①章… Ⅲ. ①天气分析②天气预报
Ⅳ. ①P45

中国版本图书馆CIP数据核字(2022)第117949号

**T-ln$p$ 图在天气分析和预报中的应用**

T-ln$p$ Tu zai Tianqi Fenxi he Yubao zhong de Yingyong

| | | | |
|---|---|---|---|
| 出版发行:气象出版社 | | | |
| 地　　址:北京市海淀区中关村南大街 46 号 | | 邮政编码:100081 | |
| 电　　话:010-68407112(总编室)　010-68408042(发行部) | | | |
| 网　　址:http://www.qxcbs.com | | **E-mail**:qxcbs@cma.gov.cn | |
| 责任编辑:张　媛 | | 终　　审:吴晓鹏 | |
| 责任校对:张硕杰 | | 责任技编:赵相宁 | |
| 封面设计:地大彩印设计中心 | | | |
| 印　　刷:三河市君旺印务有限公司 | | | |
| 开　　本:787 mm×1092 mm　1/16 | | 印　　张:8 | |
| 字　　数:204 千字 | | | |
| 版　　次:2022 年 7 月第 1 版 | | 印　　次:2022 年 7 月第 1 次印刷 | |
| 定　　价:80.00 元 | | | |

# 序

  $T\text{-}\ln p$ 图分析是在大气温度垂直廓线、湿度垂直廓线和风矢垂直廓线基础上衍生出来的,它是理解局地大气垂直结构的主要载体。从另一个角度来说,它是理解从云微物理过程、风暴动力学过程到天气尺度动力学过程之间的纽带和桥梁。从这层意义上来说,强化对 $T\text{-}\ln p$ 图分析的理解和应用是做好天气预报,尤其是短期临近预报预警的基础。尽管在天气动力学、天气学等相关课程中都讲到过 $T\text{-}\ln p$ 图的分析和应用,但是,还没有一本教科书能够囊括其天气动力学价值、天气学意义以及天气预报业务实际应用价值。

  $T\text{-}\ln p$ 图能够直接用于理解云微物理过程,例如,判读云(雾)底、云(雾)顶高度、云水物质的相态与相态转化层高度以及对雷达观测中亮带的理解。在风暴天气动力学中,层结不稳定、动力学不稳定(垂直切变不稳定)、水汽条件(水汽含量及其垂直分布)和抬升机制是构成强对流天气预报的 4 个基本条件,其中的前 3 个条件都能通过 $T\text{-}\ln p$ 图直接体现出来。与此同时,如果能够科学地理解 $T\text{-}\ln p$ 图,甚至可以预判风暴系统的垂直结构(例如,是否倾斜以及倾斜的方向、在平面扫描雷达反射率图上是否可能出现前侧入流缺口、后侧入流缺口等)、是否组织化(孤立风暴还是类似飑线的线型风暴等)、强对流对应的主要灾害(冰雹、雷暴大风还是短时强降水)以及对流大风的主要表现方式(组织化直线大风、下击暴流、是否有利于龙卷发生等)。在非对流性天气过程中,$T\text{-}\ln p$ 图有利于理解锋面垂直结构、冻雨的形成以及低能见度到底是由于雾还是霾造成的。总之,$T\text{-}\ln p$ 图分析在天气预报预警中的重要作用无论怎么强调都不过分。

  本书的作者在全国天气预报员培训课程中多年讲授"$T\text{-}\ln p$ 图在天气分析和预报中的应用"这门课程,与此同时,不断从其他高水平预报专家的相关讲座、专题报告和研究论文中吸取有实际应用价值的知识,凝练受训预报员的反馈信息,完成了《$T\text{-}\ln p$ 图在天气分析和预报中的应用》一书。该书从 $T\text{-}\ln p$ 图分析方法入手,讲述了静力稳定度、对流参数原理和应用、各种逆温形成原理以及 $T\text{-}\ln p$ 图的分析订正技术方法,并用较大篇幅讲述了 $T\text{-}\ln p$ 图在夏季对流天气预报、冬季降水相态预报中的实际应用问题。

  虽然本书内容包括了 $T\text{-}\ln p$ 图相关理论知识和业务应用实例,但不可能解决"$T\text{-}\ln p$ 图在天气分析和预报中的应用"这门课程的全部知识点,并由此构成非常完整的知识链。因此,读者可以结合更多的教科书、学术专著和学术论文来看待、理解本书中的内容,只有这样才能学以致用,并得到升华。

孙继松

2022 年 3 月 13 日于北京

# 前　　言

　　$T\text{-}\ln p$ 图（即温度对数压力图，又称"埃玛图"）可以迅速而直观地研究局地大气的垂直结构及特征，也可以有效判断大气的静力稳定度情况。此外，它还可以用于分析锋面、气团、对流层顶、垂直运动、行星边界层过程等。因此，$T\text{-}\ln p$ 图被广泛地应用于气象业务工作中。它是气象台站分析、预报强对流天气的一种基本图解，同时也被用于大雾、冬季不同降水类型判别、最高温度估计等多种天气及气象要素的分析和预报中。天气预报员有必要掌握 $T\text{-}\ln p$ 图的基本结构、物理含义及其在实际天气分析和预报中的应用。

　　本书的作者自 2009 年以来一直在中国气象局气象干部培训学院新预报员上岗培训班（现名为天气预报员岗位素质和能力培训班）讲授"$T\text{-}\ln p$ 图在天气分析和预报中的应用"这门课程。2009 年形成了教材的初稿并在当年的第 5 期新预报员培训班中使用，到 2021 年，该教材已经总计在 68 期新预报员培训班中使用。在此期间，根据专家、预报员等多方面的反馈，内容几经修改，不断完善，丰富了应用实例。作者针对教学过程中值得进一步探讨的问题进行了研究，发表了相关的学术论文，并将研究成果不断融入本书的相关章节中。书中详细介绍了 $T\text{-}\ln p$ 图的基本结构和绘制方法、大气静力稳定度的概念和判别方法、常用大气对流参数的定义和使用时的注意事项、探空订正方法、不同逆温的特征。结合实例分析，说明了如何利用 $T\text{-}\ln p$ 图，开展午后热对流、强对流天气、冬季各类降水判别等实际天气的分析和预报，并将热力学知识、中尺度天气系统、深厚湿对流发生发展的天气和环境条件等作为附录，以方便读者更好地理解前面章节的内容。第 1～4 章后附有练习题，便于读者进一步理解相关知识，达到学以致用的目的。

　　这里特别感谢孙继松、戴建华、陶祖钰、李耀东等专家的热心、耐心指导。感谢干部学院俞小鼎、周小刚、熊秋芬、姚秀萍、吴洪、王秀明等同事对本教材提出的中肯意见和建议。感谢孙继松、戴建华、胡欣、张小玲等专家审阅了全书并提出了宝贵的修改建议。

　　由于作者水平有限，本书中难免存在疏漏或不当之处，敬请各位读者批评指正！

章丽娜

2021 年 12 月 10 日于北京

# 目　　录

# 第 1 章　*T*-ln*p* 图简介

为了分析大气的热状态以及方便计算大气中某些热力过程,在气象工作中常常用到一些热力学图解,以便迅速直观地描述大气的绝热过程。大气热力学图解需要具备的条件包括以下几个方面:①所用坐标最好是实测的气象要素,比如温度、压强、湿度或这些变量的简单函数。其中,为了形象地了解大气的垂直结构,纵坐标最好与高度成正比或大致成正比。②图解上的各组线条(如等温线、等压线、干绝热线、湿绝热线及等饱和比湿线)是直线或近似直线。③坐标尺度的设计使上述各组线条之间的夹角尽可能大,以方便区分不同的热力学过程。④图解上的面积最好与能量成正比,以便于计算大气运动的能量,即大气热力学图解也是能量图解。常用的热力学图解有温度对数压力图、温熵图、绝热图等,本章主要介绍温度对数压力图。

温度对数压力图,一般简写为 *T*-ln*p* 图,又被称为埃玛图(emagram,它是 energy-per-unit-diagram 的缩写,意思是单位质量的能量图解)。*T*-ln*p* 图是我国气象业务工作中常用的热力学图解,它主要是基于探空资料绘制而成。通过该图解可以迅速而直观地研究局地大气的垂直结构及特征,也可以方便而清晰地分析大气层结特性及湿空气在升降过程中状态的变化,判断大气的静力稳定度。温度对数压力图是气象台站分析、预报雷雨及冰雹等强对流天气的一种基本图解。此外,它还可以用于分析锋面、气团、对流层顶、垂直运动、行星边界层过程等。因此,除了对流天气,冬夏多种天气及气象要素的分析和预报中也用到 *T*-ln*p* 图,如大雾、冬季不同降水类型判别、最高温度估计等。

注意:为了更加深刻理解 *T*-ln*p* 图,在学习本章节之前,请先阅读附录 A 的热力学知识。

## 1.1　最早的 *T*-ln*p* 图

1884 年,赫兹(Heinrich Hertz,1857—1894 年)绘制了最早的 *T*-ln*p* 图,当时主要在欧洲使用。赫兹是德国物理学家,他对人类最伟大的贡献在于用实验证实了电磁波的存在。他对气象学也有浓厚的兴趣,只不过他在气象领域并没有太多的贡献,只是早期在柏林给亥姆霍兹(Helmholtz)当助手时写过一些气象方面的文章,包括液体蒸发、新型温度计和 *T*-ln*p* 图等方面的研究。

## 1.2　*T*-ln*p* 图的基本结构

### 1.2.1　坐标

*T*-ln*p* 图上的横坐标是温度,即 $x=t$(单位:℃)或 $x=T$(单位:K),自左向右温度升高。

纸质 *T*-ln*p* 图(本章均指图 1.1)上用摄氏温标表示的横坐标范围为－85～40 ℃。

纵坐标为气压的对数,即 $y=\ln\dfrac{p_0}{p}$。为了简便起见,纵坐标上只显示气压($p$)的值,自下向上递减。在纸质 *T*-ln*p* 图上,气压标值从 1000 hPa 为基准线降到 200 hPa,再从 250 hPa 降到 50 hPa 时,重复使用该纵坐标。通常取 $p_0=1000$ hPa,$y=\ln\dfrac{1000}{p}$。

第一,说明为什么纵坐标要取气压的对数。当纵坐标取气压的对数后,大致与高度成正比,便于更加形象地了解大气的垂直结构,具体说明如下。

根据压高公式:$z_2-z_1=H\ln\dfrac{p_1}{p_2}$,其中,$H=\dfrac{RT}{g_0}=29.3T$,$H$ 为标高(华莱士 等,2008)。在一般温度范围内(K 氏温标表示),$H$ 可视为常数,若取 $p_1=1000$ hPa,对应地,$z_1\approx0$ m,则高度与气压的对数大致成正比,即 $z_2\propto\ln\dfrac{1000}{p}$,或 $z\propto-\ln p$。

第二,说明为什么在不同的气压区间纵坐标可以重复使用。根据

$$\ln 1000-\ln 200=\ln\frac{1000}{200}=\ln 5$$

$$\ln 250-\ln 50=\ln\frac{250}{50}=\ln 5$$

可见,在纵坐标上,1000 hPa 到 200 hPa 之间的距离与 250 hPa 到 50 hPa 之间的距离是相等的,都是 ln5。所以,可以将 1000 hPa 等压线当作 250 hPa 等压线,250 hPa 等压线当作 50 hPa 等压线。

## 1.2.2 基本线条

图 1.1 是一张常用的纸质 *T*-ln*p* 图底图,下面对底图上的基本线条进行介绍。

(1)等温线

等温线用平行于纵轴的黄色直线表示。温度值标注于图解的最下方,每隔 1 ℃(或者 K)绘制一条线,每隔 10 ℃ 标出温度数值。其中摄氏温度用较大的字体标注,绝对温度用较小的字体标注。对于饱和湿空气,等温线即等露点温度线。

(2)等压线

等压线用平行于横轴的黄色直线表示。如第 1.2.1 节所述,虽然图上标注的是气压数值,实际上等压线间是以气压的对数值作为间隔。因此,从下往上等压线之间的间隔越来越大。从 1000 hPa 到 200 hPa,每隔 10 hPa 作一条直线,并在图的两边每隔 100 hPa 标注气压数值。高层 250 hPa 到 50 hPa 之间的等压线与低层的等压线重合,但注意两相邻等值线间的间隔降为 2.5 hPa,每隔 50 hPa 标注气压的数值,标在左侧括号内。

(3)干绝热线

干绝热线表示干空气(或未饱和湿空气)在绝热升降过程中的状态变化曲线,又被称为等位温线或等熵线。在 *T*-ln*p* 图中,干绝热线为向左倾斜的黄色实线,每隔 10 ℃ 标出位温的值(括号内的值为高层低压情况下的位温数值,即用于 250～50 hPa 纵坐标,单位为 K)。干绝热线实际上是对数曲线,但是在通常的气温范围内,对数曲线的曲率很小,可以近似地看成直线(参见附录 A3.2.4)。

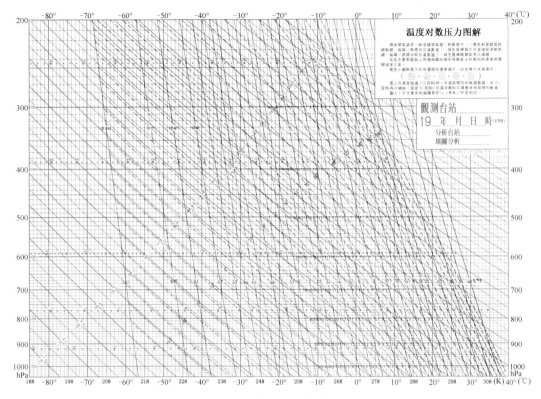

图 1.1　纸质 $T\text{-}\ln p$ 图底图

　　(4)湿绝热线

　　湿绝热线(参见附录 A3.4.7)又被称为等假相当位温线,它是饱和湿空气在绝热升降过程中的状态变化曲线,反映了湿绝热过程中,气块温度随气压变化的规律,其中考虑了潜热释放对温度的影响。湿绝热线一般为假湿绝热线(Markowski et al.,2010)。在纸质 $T\text{-}\ln p$ 图上,湿绝热线用向左倾斜的绿色虚线表示,每隔 10 ℃标出假相当位温的值。他们向上发散并趋于与干绝热线平行,即当气压很小、温度很低时,湿绝热线和干绝热线趋于平行。

　　(5)等饱和比湿线

　　等饱和比湿线是饱和湿空气的等比湿线,反映了饱和湿空气的水汽含量随温度和气压变化的规律,即 $q_{\mathrm{s}} = q_{\mathrm{s}}(p, T)$(参见附录公式(A69))。当气压不变时,温度越高,饱和比湿值越大;反之,当温度不变时,气压越小,饱和比湿值越大。在纸质 $T\text{-}\ln p$ 图中用自右下方向左上方倾斜的绿色实线表示,每条线上都标有饱和比湿值,单位为 g/kg,数值变化范围为 0.01～40 g/kg。

## 1.3　$T\text{-}\ln p$ 图的点绘

　　本节主要介绍 $T\text{-}\ln p$ 图的基本绘制方法,涉及的基本概念和物理意义可以参见附录 A。

### 1.3.1　绘制层结曲线

　　(1)绘制温度层结曲线

　　【意义】表示测站上空大气温度随高度的垂直分布情况。

【求法】根据探空资料中各个高度的气压和温度记录,在 *T-*ln*p* 图中相应的位置上绘点,然后相邻两点用折线连接,就可得到温度层结曲线。

(2)绘制露点温度层结曲线

【意义】反映测站上空湿度随高度的垂直分布情况。

【求法】根据探空资料中各个高度的气压和露点温度记录,在 *T-*ln*p* 图中相应的位置上绘点,然后相邻两点用折线连接,就得到露点温度层结曲线。

### 1.3.2　绘制状态曲线

(1)抬升凝结高度(lifting condensation level,简称 LCL)

【意义】抬升凝结高度是动力作用(外力)导致的凝结高度。一般而言,该凝结高度为层状云的云底高度。其物理意义的具体解释请参见附录 A3.4.1。

【求法】假设初始气块的气压为 $p$,温度为 $T$,露点温度为 $T_d$。首先作两条辅助线:①初始气压($p$)和温度($T$)之交点沿干绝热线上升;②初始气压($p$)和露点温度($T_d$)之交点沿着等饱和比湿线上升。两条线的交点即为抬升凝结高度(LCL)(图 1.2)。

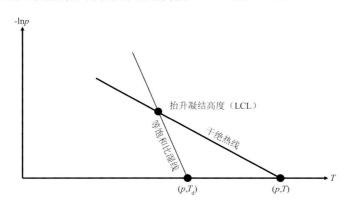

图 1.2　抬升凝结高度求法示意图

(2)状态曲线(过程曲线)

【意义】表示气块在绝热上升过程中温度随高度的变化情况。

【求法】初始气块(气压为 $p$,温度为 $T$)先沿着干绝热线上升,到达抬升凝结高度后,沿湿绝热线上升,所组成的曲线为状态曲线(图 1.3)。

### 1.3.3　确定特征高度和对流温度

本节主要介绍 *T-*ln*p* 图上各个特征高度和对流温度的求法,其中对流温度和对流凝结高度的物理意义及对流温度在天气预报中的应用可以参见第 5 章。

(1)抬升凝结高度

参见第 1.3.2 节。

(2)自由对流高度(level of free convection,简称 LFC)

【意义】自由对流高度是($T_p - T_e$)(其中,$T_p$ 是气块温度,$T_e$ 为环境温度)由负值转正值的高度。即在 LFC 之下,气块温度低于环境温度,气块受到向下的负浮力;在 LFC 之上,气块温度高于环境温度。过了此高度,气块受到向上的正浮力,此时气块可以自由上升,而不需要借

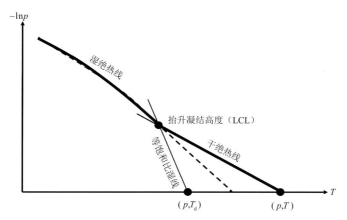

图 1.3　状态曲线求法示意图

（黑粗实线为状态曲线）

助外力。当气块温度再次比环境温度低时，气块又受到向下的负浮力。

注意：有时温度层结曲线和状态曲线没有交点，因此，自由对流高度不一定每次都能得到。

【求法】从 LCL 沿着湿绝热线上升，与层结曲线的第一个交点即为自由对流高度 LFC（图 1.4）。

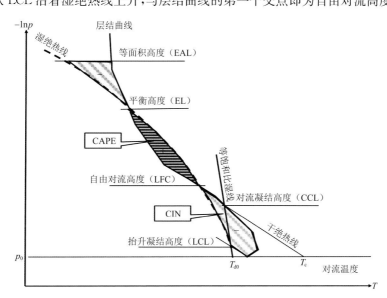

图 1.4　各个特征高度和对流温度示意图

（阴影正面积区为对流有效位能（CAPE），下方的阴影负面积为对流抑制（CIN），

有关 CAPE 和 CIN 的具体含义见第 3.2 节）

（3）对流凝结高度（convective condensation level，简称 CCL）

【意义】对流凝结高度常与对流温度配合起来使用，它们的热力学本质在于描述由于太阳辐射加热作用，地面温度不断升高而产生热对流的过程。对流凝结高度也被看成是热力对流产生的积云的云底高度，它是热力作用所导致的凝结面（请对比抬升凝结高度）。具体解释请参见第 5 章。

【求法】由地面气压（$p_0$）和露点温度（$T_{d0}$）之交点沿着等饱和比湿线上升，与温度廓线相交，交点所在的高度就是对流凝结高度 CCL（图 1.4）。

注意:CCL 有多种求解方法,这里介绍的求法是假设地面露点温度在地面增温、湍流混合前后没有变化,实际应用时也可以考虑 $T_d$ 有变化的情况,如先计算地面及以上 100 hPa 的平均比湿,再求该平均比湿线与温度廓线的交点得到对流凝结高度(CCL)。

(4)对流温度($T_c$)

【意义】当地面受到太阳辐射加热作用后,开始形成热力对流时的地面温度。它是一个地面临界温度。具体物理解释和在预报中的应用请参见第 5 章。

【求法】如图 1.4 所示,从对流凝结高度(CCL)沿着干绝热线下降到地面时具有的温度($T_c$)。

(5)平衡高度(equilibrium level,简称 EL)

【意义】平衡高度是($T_p - T_e$)由正值转负值的高度,又称中性浮力层,也被称为对流上限。EL 之上,气块温度低于环境温度。依照气块理论:当气块上升到平衡高度时,垂直加速度等于 0,垂直速度最大。再向上垂直速度将减小,但不等于 0。该高度是经验云顶。在气流过山过程中,此高度可视为山前云层的云顶高度。

【求法】通过自由对流高度的状态曲线继续向上延伸,并再次和层结曲线相交时所在的高度(图 1.4)。

(6)等面积高度(equal area level,简称 EAL)

【意义】一旦过了平衡高度,气块温度将低于环境温度。由于速度不为 0,气块仍能继续上升,直到垂直速度等于 0 时,气块停止上升,也就是达到了理论上的云顶高度。由于在 *T*-ln*p* 图上,到了此高度后,正不稳定能量、负不稳定能量面积相等,因此被称为等面积高度。实际上,云顶高度往往低于垂直速度等于 0 的高度(EAL),但高于平衡高度(EL)。

【求法】通过平衡高度的状态曲线继续向上延伸(图 1.4),当负面积与正面积(图 1.4 阴影区)相等时,此高度即为等面积高度。

## 1.4 手工绘制 *T*-ln*p* 图练习

根据 2009 年 6 月 3 日 20 时徐州站(58027)探空资料,手工绘制一张 *T*-ln*p* 图,资料如图 1.5 所示。

绘制要求:

①绘制层结曲线,其中温度廓线用黑色实线、露点温度廓线用黑色虚线表示。

②绘制状态曲线,画上辅助线,并用红色阴影标出正面积区(CAPE),蓝色阴影标出负面积区(包括 CIN 和等面积区)。

③绘制风向杆,标在气压(纵)坐标旁,气压高于 200 hPa 时,风向杆标在 *T*-ln*p* 图右侧空白处,低于 200 hPa 时,风向杆标在左侧空白处。

④标注 5 个特征高度:LCL、LFC、EL、EAL、CCL,画上辅助线。

⑤求算对流温度:画上辅助线,并在相应位置标上对流温度数值。

| 气压(hPa) | 温度(℃) | 露点温度(℃) | 风向(°) | 风速(m/s) |
|---|---|---|---|---|
| 995 | 29 | 14 | 90 | 2 |
| 925 | 25 | 15 | 130 | 8 |
| 850 | 19 | 15 | 235 | 4 |
| 787 | 14 | 12 | 9999 | 9999 |
| 765 | 13 | 5 | 9999 | 9999 |
| 708 | 7 | -1 | 9999 | 9999 |
| 700 | 7 | -4 | 290 | 10 |
| 689 | 6 | -12 | 9999 | 9999 |
| 626 | 1 | -19 | 9999 | 9999 |
| 526 | -12 | -14 | 9999 | 9999 |
| 509 | -14 | -19 | 9999 | 9999 |
| 500 | -15 | -22 | 295 | 7 |
| 484 | -16 | -29 | 9999 | 9999 |
| 413 | -23 | -48 | 9999 | 9999 |
| 400 | -25 | -49 | 270 | 12 |
| 323 | -38 | -57 | 9999 | 9999 |
| 300 | -40 | -60 | 300 | 15 |
| 250 | -47 | -67 | 280 | 24 |
| 249 | -47 | -66 | 9999 | 9999 |
| 200 | -46 | -66 | 260 | 40 |
| 198 | -46 | -66 | 9999 | 9999 |
| 150 | -54 | -73 | 265 | 37 |
| 115 | -65 | 9999 | 9999 | 9999 |
| 105 | -66 | 9999 | 9999 | 9999 |
| 100 | -67 | 9999 | 285 | 27 |

图 1.5 2009 年 6 月 3 日 20 时徐州站探空资料(9999 为缺测)

# 第 2 章　大气静力稳定度

大气静力稳定度（又被称为层结稳定度）与大气对流发展的强弱密切相关。例如,在稳定的大气层结下,对流运动受到抑制,常出现雾、层状云、连续性降水或毛毛雨等天气现象;而在不稳定的大气层结下,对流运动发展旺盛,常出现积状云、阵性降水、雷暴、冰雹等天气现象。分析大气层结稳定度对天气预报具有重要的意义:既可以基于探空资料绘制 $T\text{-}\ln p$ 图,直观地分析大气层结特征和稳定度,也可以通过计算相关的对流参数(参见第 3 章)、定量地判断大气的静力稳定度。在实际的天气预报和分析过程中,两者常常相互结合。

## 2.1　气块法

稳定度分析最基本的方法是气块法。在大气中任取一个体积微小的气块,称为空气微团,简称气块。气块是大气的一部分,初始状态与同高度上的其他大气并无不同,但当它在假设停滞不动的环境大气中做垂直位移时,就成了独立的个别部分。由于气块体积微小,因此,任一时刻,气块内部的状态参数是均匀分布的,也就是说气块在任一时刻都处在平衡态,所以气体的状态方程和热力学第一定律对微小气块都适用。

气块法有以下假定(陈佑淑 等,1989):

①绝热条件:气块保持独立完整,不与周围空气混合,升降中做绝热变化。气块与外界(环境大气)始终不发生热量交换,也无质量交换。

②准静态条件:升降运动中的任一时刻,气块的压强($p'$)与同高度的环境空气的压强($p$)相等,即 $p'=p$。

③静力平衡条件:环境大气是静止的,满足 $\dfrac{\partial p}{\partial z}=-\rho g$。

注意:在本章中,凡是带上标"$'$"的变量都表示气块,其余表示环境空气。

当然,上述假设下的气块是简单化、理想化的模型。对实际气块来说,上述假设不太可能完全满足。但是,气块法对于研究升降运动中气块的状态变化规律、了解影响大气中垂直运动分布及垂直混合的某些物理过程是有帮助的。气块法只能在气块做微小位移时才能得到较为可靠的静力稳定度判据。对于有限位移,得到的只是包含相当误差的量值,即便如此,并不妨碍它对静力稳定度的一些讨论所起的作用,并可得到许多正确的定性结论。

## 2.2　静力不稳定

### 2.2.1　静力稳定度的概念

气象中所指的对流是指由于浮力作用导致的垂直方向的热量传输(Doswell et al.,

1994)。浮力越强,产生的上升运动越强,雷暴垂直发展得越高。静力稳定度能够反映气块在特定大气层结(大气温度和湿度在垂直方向上的分布)中所受浮力状况。假定大气静止,且不受其中升降气块的影响,从气层中任选一气块,当此气块受到垂直方向(一般向上)的冲击力而离开原位后,如果气块受到回复力又回到初始位置,则该大气层结是(静力)稳定的。如果气块加速离开其初始位置,则该大气层结是(静力)不稳定的。如果气块获得的加速度为 0,保持惯性做等速运动,则该大气层结是(静力)中性的。

注意:大气静力稳定度只是用来描述大气层结对气块的垂直运动产生影响(加速、减速或等速)的一个概念,这种影响只有当气块受到外界的冲击力以后才会表现出来,它并不表示大气中已经存在的对流运动。

### 2.2.2　静力稳定度的判据

考虑一个气块,假设它与环境之间没有热量、水分和动量的交换。根据气块法假定,环境大气处于静力平衡状态,单位体积的环境大气满足

$$\frac{\partial p}{\partial z} = -\rho g \tag{2.1}$$

若气块有垂直加速度,单位体积的气块在垂直方向的运动方程(取向上为正)为

$$\rho' \frac{\mathrm{d}w'}{\mathrm{d}t} = -\frac{\partial p'}{\partial z} - \rho' g \tag{2.2}$$

这表明气块加速度的大小和方向取决于气块所受合力(气压梯度力和重力之差)的大小和方向。

根据气块法假定中的准静态条件,气块的气压梯度等于周围环境大气的气压梯度,所以

$$\frac{\partial p'}{\partial z} = \frac{\partial p}{\partial z} = -\rho g \tag{2.3}$$

将式(2.3)代入式(2.2),得

$$\rho' \frac{\mathrm{d}w'}{\mathrm{d}t} = \rho g - \rho' g \tag{2.4}$$

式(2.4)两边同时除以 $\rho'$,变换为单位质量形式

$$\frac{\mathrm{d}w'}{\mathrm{d}t} = \frac{\rho - \rho'}{\rho'} g \tag{2.5}$$

式(2.5)的物理意义为:气块垂直方向速度的变化(即加速度)是由气块内外的密度差引起的。

根据理想气体状态方程 $p = \rho R T$ 和 $p' = \rho' R T'$,运动方程式(2.5)可以改写为

$$\frac{\mathrm{d}w'}{\mathrm{d}t} = \frac{T' - T}{T} g \tag{2.6}$$

其中,$T'$ 和 $T$ 分别表示气块和环境大气的温度。因此,式(2.6)右边项 $\frac{T' - T}{T} g$ 表示单位质量气块所受合力,合力的大小和正负取决于气块和环境大气温差的大小和正负。其中,当 $T' > T$ 时,合力大于 0,气块获得向上的加速度(加速上升);当 $T' = T$ 时,合力等于 0,气块匀速上升;当 $T' < T$ 时,合力小于 0,气块获得向下的加速度(减速上升)。

假设在起始高度($z_0$)处有一气块,温度为 $T'_0$,该气块作绝热上升运动时的垂直温度直减

率为 $\gamma'$，记 $\gamma' = -\dfrac{\mathrm{d}T'}{\mathrm{d}z}$。$z_0$ 高度上的环境大气温度为 $T_0$，环境大气的垂直温度直减率为 $\gamma$，记 $\gamma = -\dfrac{\partial T}{\partial z}$。当气块受到向上的冲击力而离开 $z_0$ 做微小位移后到达 $z$ 处，则在高度 $z$ 处气块的温度（$T'$）和环境的温度（$T$）分别可以用下面的公式表示：

$$T' = T'_0 - \gamma' \mathrm{d}z \tag{2.7}$$

$$T = T_0 - \gamma \mathrm{d}z \tag{2.8}$$

将式（2.7）和式（2.8）代入式（2.6），根据气块法，初始时气块温度和同高度上的环境温度相同，即 $T'_0 = T_0$，则得到

$$\frac{\mathrm{d}w'}{\mathrm{d}t} = \frac{g}{T}(\gamma - \gamma')\mathrm{d}z \tag{2.9}$$

由式（2.9）可见，气块是否获得加速上升，取决于大气层结的 $\gamma$ 是否大于气块的 $\gamma'$。对于同一气块而言（$\gamma'$ 不变），当气层具有不同的垂直温度直减率（$\gamma$）时，气层可能促进、抑制和既不促进也不抑制气块作垂直运动，分别称之为不稳定层结（$\gamma > \gamma'$）、稳定层结（$\gamma < \gamma'$）和中性层结（$\gamma = \gamma'$）。

在利用式（2.9）进行静力稳定度判别时，除了考虑大气层结本身的特征，还应区分气块是否饱和，下面分别加以讨论。

### 2.2.2.1　未饱和湿空气的静力稳定度判据

如果被抬升的气块是未饱和湿空气（包括干空气），可用干绝热直减率 $\gamma_\mathrm{d}$（$\gamma_\mathrm{d}$ 的计算公式参见附录 A3.2.3）代替式（2.9）中的 $\gamma'$，因此未饱和湿空气的静力稳定度判据为：

$$\begin{cases} \gamma > \gamma_\mathrm{d}, \text{不稳定} \\ \gamma = \gamma_\mathrm{d}, \text{中性} \\ \gamma < \gamma_\mathrm{d}, \text{稳定} \end{cases} \tag{2.10}$$

由于位温在干绝热过程中具有保守性（参见附录 A3.2.2），对于未饱和湿空气，静力稳定度的判据还可以用位温来表示。根据位温公式

$$\theta = T\left(\frac{1000}{p}\right)^{\frac{R_d}{c_p}} \tag{2.11}$$

两边取对数，并对高度 $z$ 求偏导数，可以得到

$$\frac{1}{\theta}\frac{\partial \theta}{\partial z} = \frac{1}{T}\frac{\partial T}{\partial z} - \frac{R_d}{c_p}\frac{1}{p}\frac{\partial p}{\partial z} \tag{2.12}$$

将 $\gamma = -\dfrac{\partial T}{\partial z}$，$p = \rho R_d T$，$\dfrac{\partial p}{\partial z} = -\rho g$ 和 $\gamma_\mathrm{d} = \dfrac{g}{c_p}$ 代入式（2.12），可得

$$\frac{\partial \theta}{\partial z} = -\frac{\theta}{T}(\gamma - \gamma_\mathrm{d}) \tag{2.13}$$

式（2.13）中，由于 $\dfrac{\theta}{T} > 0$，所以位温随高度的分布 $\dfrac{\partial \theta}{\partial z}$ 取决于 $\gamma$ 和 $\gamma_\mathrm{d}$ 的对比。结合式（2.9），对于未饱和湿空气，用位温表示的静力稳定度判据为：

$$\begin{cases} \dfrac{\partial \theta}{\partial z} < 0, \text{不稳定} \\[2mm] \dfrac{\partial \theta}{\partial z} = 0, \text{中性} \\[2mm] \dfrac{\partial \theta}{\partial z} > 0, \text{稳定} \end{cases} \tag{2.14}$$

实际大气一般不饱和,而且 $\frac{\partial \theta}{\partial z} > 0$,因此,大气往往是静力稳定的。

#### 2.2.2.2　饱和湿空气的静力稳定度判据

如果被抬升的气块是饱和湿空气,可用湿绝热直减率 $\gamma_s$($\gamma_s$ 的计算公式参见附录 A3.4.4)代替 $\gamma'$,因此,饱和湿空气的静力稳定度判据为:

$$\begin{cases} \gamma > \gamma_s,\text{不稳定} \\ \gamma = \gamma_s,\text{中性} \\ \gamma < \gamma_s,\text{稳定} \end{cases} \tag{2.15}$$

由于假相当位温在干绝热、湿绝热过程中都具有保守性(参见附录 A3.2.2 和附录 A3.4.5),对于饱和湿空气,静力稳定度的判据还可以用饱和假相当位温来表示。根据饱和相当位温的公式

$$\theta_{se}^* = \theta \cdot \exp\left(\frac{L_v q_s}{c_p T_c}\right) \tag{2.16}$$

两边取对数,并对高度 $z$ 求偏导数,可以得到

$$\frac{1}{\theta_{se}^*}\frac{\partial \theta_{se}^*}{\partial z} = \frac{1}{T}\frac{\partial T}{\partial z} - \frac{R_d}{c_p}\frac{1}{p}\frac{\partial p}{\partial z} + \frac{L_v}{c_p T_c}\frac{dq_s}{dz} \tag{2.17}$$

将 $\gamma = -\frac{\partial T}{\partial z}$, $\gamma_s = \gamma_d + \frac{L_v}{c_p}\frac{dq_s}{dz} = \frac{g}{c_p} + \frac{L_v}{c_p}\frac{dq_s}{dz}$, $p = \rho R_d T$, $\frac{\partial p}{\partial z} = -\rho g$ 和代入式(2.17),并且可以认为 $T_c \approx T$,可得

$$\frac{\partial \theta_{se}^*}{\partial z} = -\frac{\theta_{se}^*}{T}(\gamma - \gamma_s) \tag{2.18}$$

式(2.18)中,由于 $\frac{\theta_{se}^*}{T} > 0$,所以饱和假相当位温随高度的分布 $\frac{\partial \theta_{se}^*}{\partial z}$ 取决于 $\gamma$ 和 $\gamma_s$ 的对比。结合式(2.9),用饱和假相当位温来表示的静力稳定度判据,可写为

$$\begin{cases} \frac{\partial \theta_{se}^*}{\partial z} < 0,\text{不稳定} \\[2mm] \frac{\partial \theta_{se}^*}{\partial z} = 0,\text{中性} \\[2mm] \frac{\partial \theta_{se}^*}{\partial z} > 0,\text{稳定} \end{cases} \tag{2.19}$$

假湿球位温($\theta_{sw}$)以及相当位温($\theta_e$)与 $\theta_{se}$ 的性质类似,也在干绝热、湿绝热过程中都具有保守性,上述稳定度判据中的 $\theta_{se}^*$ 也可以换成饱和假湿球位温($\theta_{sw}^*$)或饱和相当位温($\theta_e^*$)。

### 2.2.3　条件不稳定

由于式(2.9)中的 $\gamma'$ 包含了 $\gamma_d$ 和 $\gamma_s$ 两种情况,且总是有 $\gamma_d > \gamma_s$,因此,传统的用垂直温度直减率表示的静力稳定度判据有下面 5 种情况:

$$\begin{aligned} & \gamma < \gamma_s \text{(绝对稳定)} \\ & \gamma = \gamma_s \text{(湿中性)} \\ & \gamma_s < \gamma < \gamma_d \text{(条件不稳定)} \\ & \gamma = \gamma_d \text{(干中性)} \\ & \gamma > \gamma_d \text{(绝对不稳定)} \end{aligned} \tag{2.20}$$

　　如果大气温度直减率小于湿绝热直减率,则大气层结为绝对稳定;如果大气温度直减率等于湿绝热直减率,表示气层对未饱和湿空气而言是稳定的,对饱和湿空气而言是中性的;如果大气温度直减率介于干绝热直减率和湿绝热直减率之间,则称大气处于条件不稳定状态(conditional instability),表示气层对未饱和湿空气而言是稳定的,而对饱和湿空气而言是不稳定的;如果大气温度直减率等于干绝热直减率,表示气层对未饱和湿空气而言是中性的,对饱和湿空气而言是不稳定的。对于产生午后热对流的层结,往往具有这样的探空特征(见第 1.3.3 节中有关对流凝结高度介绍);如果大气温度直减率大于干绝热直减率,表示大气层结处于绝对不稳定状态,这种层结通常出现在夏天晴天天气下大气边界层的底部。

　　值得注意的是,某一条大气温度层结廓线从低层到高层的 $\gamma$ 并不是处处相等的,因此,利用垂直温度直减率只能定性判断大气垂直层结局部的稳定度(章丽娜 等,2017)。

　　式(2.20)中的绝对不稳定、条件不稳定和绝对稳定也可以用位温和饱和假相当位温随高度的变化来判别。根据第 2.2.2.1 节,如果 $\frac{\partial \theta}{\partial z}<0$,对应 $\gamma>\gamma_d$,层结为绝对不稳定。如果 $\frac{\partial \theta}{\partial z}>0$,对应 $\gamma<\gamma_d$,且同时满足 $\frac{\partial \theta_{se}^*}{\partial z}<0$(根据第 2.2.2.2 节,对应 $\gamma>\gamma_s$),即表明 $\gamma_s<\gamma<\gamma_d$,层结为条件不稳定。由于通常 $\frac{\partial \theta}{\partial z}>0$,因此,条件不稳定可以用 $\frac{\partial \theta_{se}^*}{\partial z}<0$ 来判断(Markowski et al.,2010;王秀明 等,2014)。如果 $\frac{\partial \theta_{se}^*}{\partial z}>0$,对应 $\gamma<\gamma_s$,层结为绝对稳定。

　　式(2.20)中用温度直减率 $\gamma_s<\gamma<\gamma_d$ 来判别条件不稳定是其原始定义,仅适用于薄层。在实际强对流天气分析和预报中,常常会分析探空资料中 $850\sim500$ hPa 或者 $700\sim500$ hPa 的温度差(分别简写为 $\Delta T85$ 和 $\Delta T75$),这实际上也是在分析层结是否满足条件不稳定。因为一般认为中低层的湿绝热递减率为 $5.5\sim6$ ℃/km,而干绝热递减率约为 $10$ ℃/km,如果 $\Delta T85 \geqslant 25$ ℃($\gamma \geqslant 6.2$ ℃/km)或者 $\Delta T75 \geqslant 16$ ℃($\gamma \geqslant 6.4$ ℃/km),则表明大气的温度直减率介于干绝热直减率和湿绝热直减率之间,即大气处于条件不稳定状态。

　　在实际业务中,经常需要考虑大气整体的垂直稳定性,后来逐渐采用上升气块能否获得正浮力来判断层结是否条件不稳定,引入了对流有效位能(CAPE)的概念(参见第 3.2.1 节),可以认为是条件不稳定的另一种判据(章丽娜 等,2017)。条件不稳定需要有一定的外加抬升力才能转化成真实的不稳定,比如局地的热力或动力因子,主要造成局地性的对流天气。

## 2.3　对流不稳定

　　前面所说的静力稳定度判据(包括条件不稳定判据)是假设气块在气层中浮升时,气层本身是静止的。但实际大气常会发生整层空气被抬升的情况(朱乾根 等,2007),如气流过山、空气沿着锋面抬升等。一般把气层被整层抬升到达到饱和时的稳定度称为对流稳定度。不论气层原先的层结性如何,在其被抬升达到饱和后,如果层结是稳定的,称气层为对流稳定,如果层结是不稳定的,称气层为对流不稳定,如果层结是中性的,则称气层为对流中性。

　　气层被抬升后,它本身的 $\gamma$ 会发生变化。在上干下湿的条件性稳定层结下,如果有较大的抬升运动,特别是整层大气得到抬升时,原先的稳定层结就可能变成不稳定。这个演变过程可以用图 2.1 来说明。

假定 *AB* 为气层的原始层结，*A* 和 *B* 分别位于 1000 hPa 和 900 hPa，$\gamma<\gamma_s<\gamma_d$，层结绝对稳定（注意是逆温）。$A'B'$ 为其露点温度分布，上干下湿。假设气层被抬升时，其水平截面积不发生任何变化，由于质量守恒原理，顶部和底部之间的气压差也不发生变化。一开始，整层抬升时，*A*，*B* 两点都按照干绝热线上升。因为 *A* 点湿度大，比 *B* 点先达到饱和。假设 *A* 点在 900 hPa（*C* 点）达到饱和，即抬升凝结高度为 900 hPa。此时 *B* 点到达 800 hPa（*D* 点），还没有饱和。如果继续被抬升，*A* 点沿着湿绝热线上升，而 *B* 点继续按照干绝热线上升，直到 *B* 点达到其凝结高度 *F* 点，整层达到饱和。此时，*A* 点移到了 *E* 点。*EF* 为气层被足够的外力（如锋面抬升、气流过山）整层抬升到饱和状态时的温度垂直分布曲线，此时 $\gamma>\gamma_s$，因此气层是不稳定的。

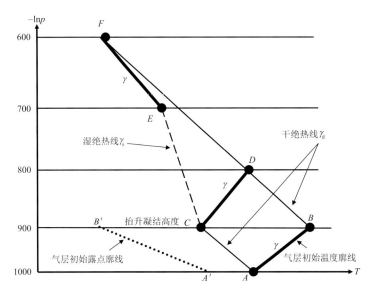

图 2.1　对流性不稳定示意图

对流不稳定满足：顶部 *B* 点的假湿球位温（或假相当位温，或相当位温）小于底部 *A* 点的假湿球位温（或假相当位温，或相当位温）。因此，对流性稳定性判据可以写为：

当 $\dfrac{\partial\theta_{sw}}{\partial z}<0$ 或 $\dfrac{\partial\theta_{se}}{\partial z}<0$ 或 $\dfrac{\partial\theta_{e}}{\partial z}<0$ 时，为对流性不稳定；

当 $\dfrac{\partial\theta_{sw}}{\partial z}>0$ 或 $\dfrac{\partial\theta_{se}}{\partial z}>0$ 或 $\dfrac{\partial\theta_{e}}{\partial z}>0$ 时，为对流性稳定；

当 $\dfrac{\partial\theta_{sw}}{\partial z}=0$ 或 $\dfrac{\partial\theta_{se}}{\partial z}=0$ 或 $\dfrac{\partial\theta_{e}}{\partial z}=0$ 时，为对流性中性。

引进对流不稳定的概念以后，补充和改进了气块法的稳定度判据。即当气层有可能被整层抬升时，即使初始时的 $\gamma<\gamma_s$，只要 $\dfrac{\partial\theta_{sw}}{\partial z}<0$ 或 $\dfrac{\partial\theta_{se}}{\partial z}<0$ 或 $\dfrac{\partial\theta_{e}}{\partial z}<0$，气层仍然有可能变成不稳定。这种对流不稳定主要适合于大范围气层整层抬升的情况，通常与大片气层沿着暖锋慢慢抬升有关，并不适合多见的孤立对流（雷暴）。

对流性不稳定需要大范围的抬升力才能转化成真实的不稳定，且抬升运动能使不稳定气层达到饱和，因此，需要有天气尺度系统（如锋面）的配合或地形的抬升作用，造成的对流性天气往往比较剧烈，水平范围也大。

## 2.4　静力不稳定判别练习

图 2.2 是根据 2017 年 8 月 24 日 08 时厦门探空资料绘制的位温、假相当位温、饱和假相当位温随高度变化曲线。请根据本章给出的不稳定判据(静力稳定度判据、条件不稳定判据、对流不稳定判据),判别地面至 759 hPa 的静力稳定度情况。

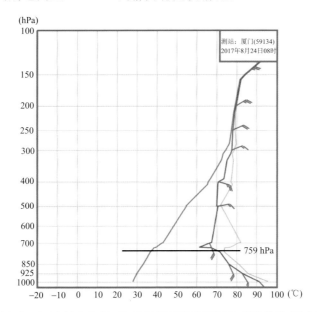

图 2.2　2017 年 8 月 24 日 08 时厦门探空资料绘制的位温(绿色)、
假相当位温(棕色)、饱和假相当位温(蓝色)随高度变化

# 第 3 章　大气对流参数

气象工作者从多年的业务实践中,总结了许多对普通雷暴和强雷暴预报具有指示意义、应用价值的物理参数,称之为对流参数。近年来,随着探测手段的进步及数值模式的发展,人们对强天气现象的认识不断深入,分析对流参数已经成为强天气潜势预报的重要方法之一。对流参数反映了对流天气发生发展的环境条件特征。一些参数对对流性天气有普适意义,一些参数则是强对流天气参数。不同的参数代表的物理意义不同,使用前必须清楚每个参数的物理意义、适用条件、不确定性、局限性等。下面对常用的一些参数做详细介绍。

## 3.1　热力稳定度指数

稳定度分析是对流天气诊断和分析最常用的方法。在天气分析预报业务中,常常用一些指数表示大气的稳定度,称为稳定度指数。应用稳定度指数时应注意正负号问题,使用指数前要弄清楚正值代表稳定还是不稳定。不稳定包括热力不稳定和动力不稳定,本节介绍反映热力稳定度的指数。

### 3.1.1　条件稳定度指数

条件不稳定是一种潜在不稳定。一般情况下,条件不稳定并不立即表现出来,只有当起始高度上有较强的抬升力或冲击力,足以将气块抬升到自由对流高度(LFC)以上时,对流运动才能发展,不稳定才表现出来。触发机制主要为局地的热对流或动力因子,一般造成局地性的对流天气。

判断某站点的大气是否具有条件不稳定,通常是在起始高度上选取一气块,假设其绝热抬升(一般先经历干绝热过程,然后经历湿绝热过程)至一定高度(高于自由对流高度,如500 hPa),若气块温度($T'$)比周围空气温度($T_e$)高时,称为不稳定(图 3.1a);反之,称为稳定(图 3.1b)。

下面介绍两种常用的条件稳定度指数:沙氏指数和抬升指数。

#### 3.1.1.1　沙氏指数

沙氏指数是由 Showalter(1953)引入的一个稳定度指数,其英文全称为 showalter index,简称 SI,单位是℃。SI 定义为 850 hPa 等压面上的未饱和湿空气块沿干绝热线抬升,到达抬升凝结高度,再沿湿绝热线上升到 500 hPa 时具有的气块温度($T'_{500}$)与 500 hPa 等压面上的环境温度($T_{e500}$)的差值(图 3.2)。SI 的计算公式为:

$$SI = T_{e500} - T'_{500} \qquad (3.1)$$

如果 SI<0,表示大气层结不稳定,且负值越大,不稳定度越大;反之,表示气层是稳定的。SI 可以从 *T*-ln*p* 图上直接求取。

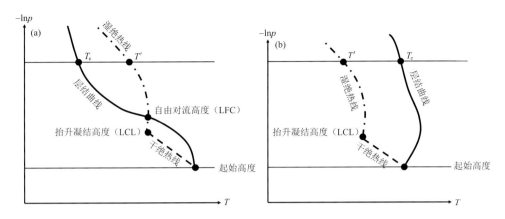

图 3.1　条件不稳定(a)、稳定(b)的层结曲线、状态曲线示意图

根据资料,SI 与对流性天气有以下关系(《大气科学辞典》编委会,1994):

当 SI>3 ℃时,发生雷暴的可能性很小或没有;

当 0 ℃<SI≤3 ℃时,有发生阵雨的可能性;

当−3 ℃<SI≤0 ℃时,有发生雷暴的可能性;

当−6 ℃<SI≤−3 ℃时,有发生强雷暴的可能性;

当 SI≤−6 ℃时,有发生严重对流天气(如龙卷)的危险。

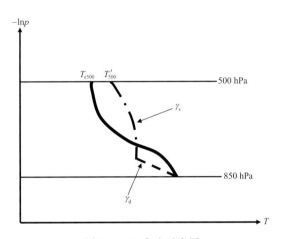

图 3.2　SI 求法示意图

在使用 SI 指数时,要注意以下几点:

①SI 指数用到的起始高度为 850 hPa,上层为 500 hPa,一般情况下,500 hPa 在自由对流高度之上。上下层高度固定具有局限性,因为气块的真实抬升位置不一定在 850 hPa。

②对于海拔较高的地区,如青藏高原,850 hPa 在地下。因此,这些台站不能直接用 SI 指数,而是应该在低层、高层分别取两个等压面代替 850 hPa 和 500 hPa。

③如果在 850 hPa 和 500 hPa 之间存在锋面或者逆温层,SI 无意义。

④对于我国而言,SI 与对流性天气的关系所用到的阈值与国外有较明显的差别,有必要针对不同季节,根据各地实际情况确定。

### 3.1.1.2　抬升指数

抬升指数也是 20 世纪 50 年代引入的稳定度指数(Galway,1956),英文全称为 lifting index,简称 LI,单位为℃。LI 与 SI 的主要差别是气块被抬升的起始高度不一样。抬升指数定义为修正的平均气块从地面沿干绝热线上升,到达凝结高度后,再沿湿绝热线上升到 500 hPa 时所具有的温度($T'_{500}$)与 500 hPa 等压面上的环境温度($T_{e500}$)的差值。LI 的计算公式为:

$$LI = T_{e500} - T'_{500} \tag{3.2}$$

计算 LI 时,一般修正的层次为从地面到距地 3000 英尺[①]处,平均气块的位温线和比湿线的求法如下:平均比湿线采用等面积法确定(具体做法参看图 4.6);平均位温线的求法分两种情况,如果预计午后有显著的升温,则根据预报的午后最高温度沿着干绝热线确定平均位温,即从地面到距地 3000 英尺处的原温度层结被这条干绝热线(等位温线)所取代,但是如果预计午后温度层结不会出现干绝热递减率,那么求地面到 3000 英尺处之间的平均气温(具体做法参看图 4.6)。

当 LI<0 时,表示大气层结不稳定,且负值越大,越不稳定。当 LI>0 时,表示大气层结是稳定的。当 LI=0 时,为大气层结中性。

注意:SI 代表观测时(现在)的稳定度情况,而 LI 代表预报(未来)的稳定度情况。即基于 08 时(北京时)探空资料计算的 LI,可以代表午后的稳定度情况(Galway,1956)。

### 3.1.2 对流稳定度参数

当厚度相当大的某一层空气被整层抬升时,层结有可能会由稳定变成不稳定,被称为对流不稳定(物理意义参见第 2.3 节)。下面介绍几种对流稳定度指数。

#### 3.1.2.1 对流稳定度指数

对流性稳定度指数的英文全称为 index of convective stability,简称 IC,单位:℃。

当厚度相当大的某一气层被抬升且达到饱和时,都会变得不稳定么? 不一定。这取决于气层上下层 $\theta_{se}$ 的差值。根据第 2 章中对流性不稳定判据,只有当满足 $\frac{\partial \theta_{se}}{\partial z}<0$ 时,气层才是对流性不稳定的。若上层 $\theta_{se}$ 大于下层 $\theta_{se}$,气层抬升前是稳定的,气层抬升至饱和后仍是稳定的。因此,通常取上下层 $\theta_{se}$ 的差值作为对流性稳定度指数。IC 的计算公式为:

$$IC=\theta_{se上}-\theta_{se下} \tag{3.3}$$

式中,$\theta_{se上}$ 代表上层的 $\theta_{se}$,$\theta_{se下}$ 代表下层的 $\theta_{se}$。

IC>0 为对流稳定,IC<0 为对流性不稳定,IC=0 为对流中性。

根据式(3.3)计算 IC 时,层次的选定并不唯一。如在探讨 IC 与暴雨的关系时,有人认为 $\theta_{se500}-\theta_{se850}$ 与暴雨的关系密切,也有人认为,$\theta_{se700}-\theta_{se850}$ 与暴雨关系较好(文宝安,1980)。

#### 3.1.2.2 最大对流稳定度指数

最大对流稳定度指数简称 BIC,单位为℃。

利用产生强对流天气的临近探空资料计算出的 $\theta_{se}$ 常常呈现出图 3.3 形式的廓线,即在边界层附近,往往有一个 $\theta_{se}$ 的极大值($\theta_{semax}$),而在对流层中层往往有一个 $\theta_{se}$ 的极小值($\theta_{semin}$)。最大对流稳定度指数定义为

$$BIC=(\theta_{semin}-\theta_{semax}) \tag{3.4}$$

注意:仅仅用标准层资料计算的 BIC 缺乏代表性。一般对近地面 150 hPa 内求算出

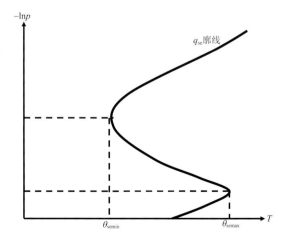

图 3.3 临近强对流天气产生的 $\theta_{se}$ 廓线示意图

---

① 1 英尺=0.3048 m,下同。

$\theta_{\text{semax}}$,而在 500 hPa 及其以下的 150 hPa 内求算出 $\theta_{\text{semin}}$。

一般认为,与选取固定层次间 $\theta_{\text{se}}$ 差值计算的对流稳定度指数(IC)相比,最大对流稳定度指数(BIC)更为客观。

Atkins 等(1991)在研究微下击暴流活动日时,发现午后地面附近的最大相当位温($\theta_{\text{emax}}$)和中层最小值位温($\theta_{\text{emim}}$)之差往往会高于某一临界值,即

$$\theta_{\text{emax}} - \theta_{\text{emin}} \geqslant \theta_{\text{ec}} \tag{3.5}$$

式(3.5)中的临界值因时因地因天气形势而变。通过与无微下击暴流的雷暴日廓线对比,Atkins 等(1991)发现 $\theta_{\text{ec}}$ 取为 20 K 可以区分雷暴日午后是否出现微下击暴流(图 3.4)。

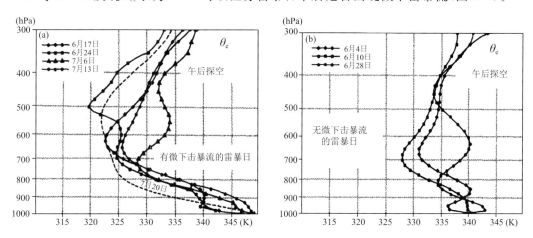

图 3.4　有微下击暴流(a)和无微下击暴流(b)的雷暴日对应的位温垂直廓线(Atkins et al.,1991)

### 3.1.3　$K$ 指数

$K$ 指数由 20 世纪 60 年代 George(1960)引入,其计算公式如下:

$$K = (T_{850} - T_{500}) + T_{d850} - (T_{700} - T_{d700}) \tag{3.6}$$

其中,$T_{500}$、$T_{700}$、$T_{850}$ 分别表示 500 hPa、700 hPa、850 hPa 的温度,$T_{d700}$ 和 $T_{d850}$ 分别表示 700 hPa 和 850 hPa 的露点温度。$K$ 指数的单位为℃。

式(3.6)右边的第一项($T_{850} - T_{500}$)表示温度直减率,第二项 $T_{d850}$ 表示低层水汽条件,第三项($T_{700} - T_{d700}$)表示 700 hPa 饱和程度,所以 $K$ 指数能够反映大气的层结稳定情况。一般,$K$ 指数越大,层结越不稳定。高层干冷、低层暖湿的环境有利于强风暴的发生发展,这在 $K$ 指数计算公式的各项中反映如下:当高层冷、低层暖时,则式(3.6)右边第一项($T_{850} - T_{500}$)大;当低层湿度大时,则其第二项 $T_{d850}$ 大,第三项($T_{700} - T_{d700}$)小,因此,整个 $K$ 指数就大。

$K$ 指数可以配合散度、涡度分析制作雷暴的客观预报。$K$ 指数大小与可能出现的雷暴活动的关系为(刘健文 等,2005):

当 $K < 20$ ℃时,无雷暴;

当 $20$ ℃$\leqslant K < 25$ ℃时,孤立雷暴;

当 $25$ ℃$\leqslant K < 30$ ℃时,零星雷暴;

当 $30$ ℃$\leqslant K < 35$ ℃时,分散雷暴;

当 $K \geqslant 35$ ℃时,成片雷暴。

但在 $K$ 指数所指示的不稳定区域中,常受气流辐合、辐散的影响。在辐合区中,雷暴活动加强,在辐散区中,雷暴活动减弱。

$K$ 指数不能明显表示出整个大气的层结不稳定程度。

使用 $K$ 指数时,应理解参数表示的物理含义,而不能单纯关注数值大小(使用其他指数时也同样)。$K$ 指数由 3 项组成,分别代表了温度直减率、低层水汽条件和中层饱和度。在南方,尤其是夏季,由于水汽条件好,$K$ 指数经常在 35 以上,但是对流却不总是发生。而在北方,有时候在冷涡背景下,水汽条件较差,$K$ 指数小于 30,但仍可能发生对流(伴随雷暴大风)。可见,应注意季节、地域、对流类型的差异。

注意:有时候即使 $K$ 指数小于 0,也可能出现强对流天气。比如 2009 年 3 月 21 日夜间江西北部出现了雷雨大风等强对流天气,从南昌 21 日 20 时的 $T$-ln$p$ 图(图 3.5)可以看到,探空呈现出上干下湿的特征,湿层主要在地面至 850 hPa 之间,700 hPa 非常干。$K$ 指数的 3 项分别为:$T_{850}-T_{500}=30$,$T_{d850}=15$,$-(T_{700}-T_{d700})=-47$,计算的 $K$ 指数为 $-2$。这表明,如果中层的干层伸展到 700 hPa 以下层次,则 $K$ 指数可能很小,甚至为负数,但这种情况下仍会有强对流天气发生,而且常常以雷雨大风天气为主。

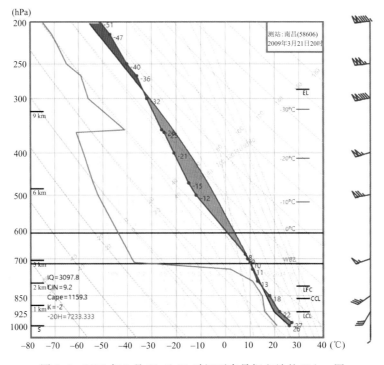

图 3.5 2009 年 3 月 21 日 20 时江西南昌探空站的 $T$-ln$p$ 图

### 3.1.4 总指数

总指数是 20 世纪 70 年代由 Miller(1972)引入的,英文全称 Total Totals,简称 TT,单位为℃。由于它是 $T_{850}-T_{500}$(即 $K$ 指数中第一项,反映了垂直温度直减率)和 $T_{d850}-T_{500}$(反映了低层水汽条件)两个指数之和,因此称为总指数。其表达式为

$$TT = T_{850} + T_{d850} - 2T_{500} \tag{3.7}$$

TT 越大,越容易发生对流天气,预报阈值因时因地而异。

## 3.2  能量参数

为了讨论受外力(动力或是热力)冲击的气块,在较厚的气层中作垂直运动时,运动能否发展,就要考虑较厚气层对从底部上升的气块可能产生的总影响,因此,提出了不稳定能量的概念,以便判断整个气层的稳定度问题,并讨论不稳定能量与对流的关系。

### 3.2.1  有效能量参数

大气对流是有效能量之间的相互转换和释放,对流有效位能从理论上反映出对流上升运动可能发展的最大强度。而下沉对流有效位能则反映出与对流下沉运动相关的几个热力过程对对流下沉运动理论上的最大贡献。分析与预报对流性天气时,有必要理解和诊断有效能量。

#### 3.2.1.1  对流有效位能

对流有效位能英文全称为 convective available potential energy,简称 CAPE,单位为 J/kg。

所谓有效位能(available potential energy,APE)是指有可能转化为动能的位能。气块在不稳定气层中做垂直运动时,垂直速度不断增加,即气块的运动动能不断增加。气块所增加的这部分动能是由不稳定大气中储存的一部分能量转换而来的,把这部分可以转化为气块运动动能的能量叫做对流有效位能(CAPE)。

Doswell 等(1994)指出,在发生深厚湿对流的环境里,CAPE 是与环境联系最密切的热力学变量。随着探空资料和模式输出探空资料应用的增多,以及 CAPE 程序的普及,CAPE 已经成为强对流天气分析预报的一个常用参数。

CAPE 可以用单位质量的上升气块在浮力(垂直方向上的气压梯度力和向下的重力的合力)作用下所做的功来度量,公式如下:

$$\text{CAPE} = g \int_{Z_{\text{LFC}}}^{Z_{\text{EL}}} \left( \frac{T_{\text{vp}} - T_{\text{ve}}}{T_{\text{ve}}} \right) \mathrm{d}z \tag{3.8}$$

其中,$T_{\text{ve}}$ 和 $T_{\text{vp}}$ 分别表示环境大气和气块的虚温;$Z_{\text{LFC}}$ 为自由对流高度;$Z_{\text{EL}}$ 为平衡高度。

在等压面坐标下,式(3.8)可改写为

$$\begin{aligned}
\text{CAPE} &= \int_{p_{\text{EL}}}^{p_{\text{LFC}}} R_{\text{d}} (T_{\text{vp}} - T_{\text{ve}}) \mathrm{d}\ln p \\
&= R_{\text{d}} \Big[ \int_{p_{\text{LFC}}}^{p_{\text{EL}}} T_{\text{vp}} \mathrm{d}(-\ln p) - \int_{p_{\text{LFC}}}^{p_{\text{EL}}} T_{\text{ve}} \mathrm{d}(-\ln p) \Big]
\end{aligned}$$

$$\tag{3.9}$$

其中,$p_{\text{LFC}}$ 为自由对流高度,$p_{\text{EL}}$ 为平衡高度。将式(3.9)得到的 CAPE 称为虚温订正的 CAPE。

如果计算 CAPE 时不用虚温订正,即式(3.9)中的 $T_{\text{vp}}$ 和 $T_{\text{ve}}$ 分别被 $T_{\text{p}}$ 和 $T_{\text{e}}$ 取代,称之为常规 CAPE。在 $T$-$\ln p$ 图上,若忽略摩擦效应和冻结过程等造成的潜热释放,CAPE 是自由对流高度(LFC)到平衡高度(EL)间的温度层结曲线与状态曲线所围成的面积(称为正面积,图3.6)。CAPE 正比于热力学图解上的正面积。要产生对流,必须满足 CAPE 为正。CAPE 数值的增大表示上升速度的加强及对流的发展。

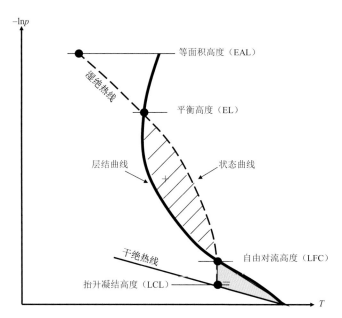

图 3.6　*T*-ln*p* 图上的 CAPE 和 CIN 示意图

(标有"＋"的阴影面积正比于 CAPE。标有"－"的区域正比于 CIN)

　　从理论角度可以证明,相比常规 CAPE,进行虚温订正后,LFC 会降低,而 EL 基本不变 (图 3.7)。在一般情况下,考虑 LFC 降低计算的虚温订正 CAPE 会比采用 LFC 不变的虚温订正 CAPE 大,但数值增加并不是很多(章丽娜 等,2016)。因此,是否采用了虚温订正 CAPE,对于大的 CAPE 不会导致较大误差,但是对于小的 CAPE 产生的相对误差较大 (Doswell et al.,1994)。

　　按照 CAPE 的定义,$\text{CAPE}=\dfrac{1}{2}(w_{\text{EL}}^2-w_{\text{LFC}}^2)$,其中,$w_{\text{LFC}}$ 和 $w_{\text{EL}}$ 分别表示自由对流高度和平衡高度处的气块速度。所以根据 CAPE,可以估算气块达到平衡高度(EL)时的最大垂直速度 $w_{\text{EL}}$。假设 $w_{\text{LFC}}=0$,CAPE 和 $w_{\text{EL}}$ 的关系表达式如下:

$$w_{\text{EL}}=\sqrt{2\text{CAPE}} \tag{3.10}$$

　　对于对流中的上升速度,有以下几点说明:

　　①CAPE 是一种潜在能量,反映的只是对流潜势,它只是有可能转换为对流上升运动动能的一种能量,并不一定真的转换为上升运动。

　　②计算 CAPE 时包含了很多假定和近似,因此,计算出的对流上升运动容易偏大。实际大气中的值可能会小很多。

　　③大多数无组织风暴中上升气流的垂直速度通常是 $W_{\text{max}}$ 的 1/2 左右,这是由于风暴中水负载和混合作用的限制。

　　④结构完整的风暴(尤其是超级单体风暴)中上升气流核的垂直速度接近于 $W_{\text{max}}$。这是由于这类风暴不受环境大气的挟卷影响。

　　⑤非强风暴中的上升速度通常只有 10 m/s,而强风暴上升速度通常超过 30 m/s。

　　CAPE 比普通的不稳定指数更能反映大气的整体垂直结构特征,但是对流有效位能的计算非常敏感,如地形高度不同、下垫面不同、起始高度的气块温度和环境温度的统计出入,都将

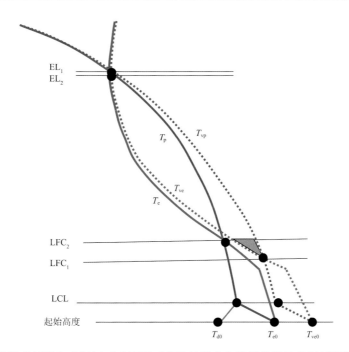

图 3.7　计算常规 CAPE 和虚温订正 CAPE 时相关的线条和特征高度示意图(章丽娜 等,2016)
(其中蓝色和红色粗实线分别表示环境和气块的温度廓线,蓝色和红色虚线分别表示环境和气块的虚温廓
线,阴影表示虚温订正方法中考虑 LFC 降低后 CAPE 增加部分。LCL 为抬升凝结高度,LFC 为自由对流
高度,EL 为平衡高度。下标 1 和 2 用以区分采用虚温订正和不用虚温订正的特征高度。气块起始高度的
露点温度、温度和虚温分别用和 $T_{d0}$、$T_{e0}$ 和 $T_{ve0}$)

造成 CAPE 计算的出入。通常计算和使用 CAPE 时需要注意以下几个问题:

(1)与上升气块起始高度的关系

在相同的层结下,如果上升气块的起始高度不同,其状态曲线将不同,计算的 CAPE 大小
也就不同。一般选取地面或逆温层顶为起始抬升高度。对比图 3.8a 和 3.8b 可以看到,在层
结曲线不变的情况下,当气块的起始高度从地面改为 850 hPa 后,CAPE 大大增加。

在我国,以北京时 08 时探空资料计算 CAPE 时,由于夜间近地面的辐射降温作用,以地
面为抬升点计算的 CAPE 经常很小或者没有,但是如果以低层逆温层顶(或最不稳定点)计算
的 CAPE 可能较大。从图 3.8c 和 3.8d 可以看到,2009 年 6 月 3 日 08 时徐州站低层存在逆
温。如果气块从地面抬升,则并没有分析出 CAPE(图 3.8c)。但是如果抬升 946 hPa 气块,存
在 CAPE(图 3.8d)。当午后温度升高后,徐州站的 CAPE 还将进一步增加。

在开展预报或分析时,要注意尝试不同的抬升点,不要只看抬升地面气块得到的 CAPE。
同时,考虑对流是否发展时,还要考虑冲击力出现的高度。例如,当地面有逆温层时,如果只是
地面空气受到向上的冲击作用,一般不会造成强烈的对流,而如果逆温层顶部(或最不稳定点)
的空气受到向上的冲击作用,就可能造成强烈的对流。

(2)与湿度情况的关系

CAPE 的大小与空气湿度有关,湿度越大,越有利于对流发展(图 3.9)。图 3.9 表明,在
相同的层结下,如果上升气块的湿度较大($T_{d1}$),则凝结高度较低($Z_{C1}$),自由对流高度($Z_{F1}$)也
较低,CAPE 值较大。此时正面积往往大于负面积,属于真潜在不稳定型,这是发生对流(强对

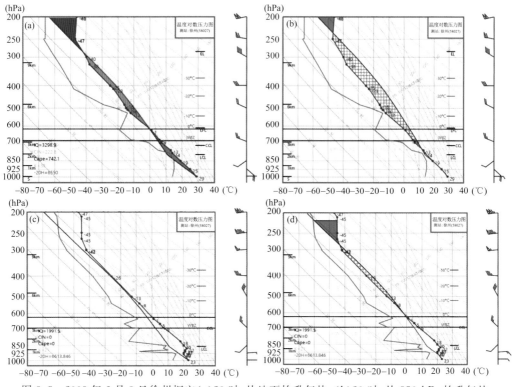

图 3.8　2009 年 6 月 3 日徐州探空(a)20 时,从地面抬升气块,(b)20 时,从 850 hPa 抬升气块,
(c)08 时,从地面抬升气块,(d)08 时,从 946 hPa 抬升气块

(图 3.8b 和 3.8d 中,网格区表示 CAPE)

流)过程常见的条件不稳定层结(章丽娜 等,2017)。如果湿度较小($T_{d2}$),则凝结高度较高($Z_{C2}$),自由对流高度也较高($Z_{F2}$),CAPE 较小。此时正面积往往小于负面积,属于假潜在不稳定型。如果湿度非常小($T_{d3}$),则凝结高度更高($Z_{C3}$),CAPE 为 0。此时只有负面积,没有正面积,属于绝对稳定型。

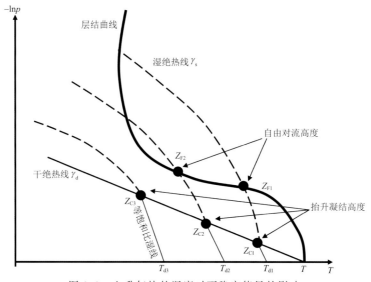

图 3.9　上升气块的湿度对不稳定能量的影响

实例计算或再分析资料的诊断分析也表明，CAPE 的计算与抬升气块的温度、湿度的轻微变化非常敏感。比如，在一次典型的飑线探测中，混合比每增加 1 g/kg 或温度升高 1 ℃，都会使得 CAPE 增加 500～600 J/kg，约增大 20%（Bluestein et al.，1985）。王秀明等（2012b）通过统计发现，温度增加 1 ℃，CAPE 增加约 200 J/kg，露点温度增加 1 ℃，CAPE 增加约 500 J/kg。

（3）与纵横比的关系

为了直观，人们往往借助热力学图解上的正面积的大小直接说明不稳定能量的大小。然而，CAPE 相同而纵横比不同的探空，其稳定度可能出现较大的不同。即使 CAPE 相同，如果自由对流层厚度（自由对流高度（LFC）到平衡高度（EL）间的厚度）增大（减小），则整个对流层内的平均浮力必然减小（增大）。一般而言，"矮胖"的 CAPE（图 3.10a）比"瘦高"的 CAPE（图 3.10b），更有利于出现强对流。

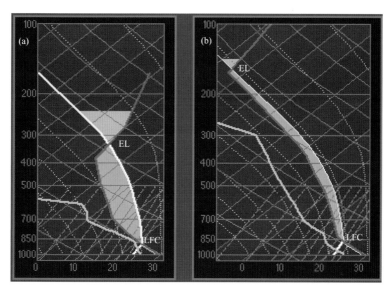

图 3.10　不同纵横比 CAPE 的示意图
（a）"矮胖"型；（b）"瘦高"型

### 3.2.1.2　下沉对流有效位能

下沉对流有效位能英文全称为 downdraft CAPE，简称 DCAPE，单位为 J/kg。

强的局地风暴（如多单体风暴、超级单体风暴）持续较长时间的重要条件之一是具有较为稳定的上升气流和下沉气流。对流发展到一定阶段后，下沉运动开始产生，风暴成熟阶段，上升和下沉运动都得到充分发展，此后，下沉运动成为对流主体，对流逐渐减弱直至对流结束。

有关强局地风暴中上升运动的研究较多，也比较透彻，而下沉运动的情况以及它的起因比上升运动复杂，研究得相对较少。随着局地风暴探测手段及数值模拟技术的改进，带动了对局地风暴中下沉气流的关注。自 Emanuel（1994）引入 DCAPE 后，DCAPE 已被广泛应用于强风暴的分析和研究。

对流中下沉运动的原因是外界干冷空气被吸入对流云体，并被云内降落的水和冰粒子拖曳下泻，由于水滴和冰晶的蒸发和融化而使气块降温，并低于环境温度，产生向下的浮力，从而使下沉加速(图 3.11)。下沉对流有效位能从理论上反映了对流云体中下沉气流到达地面时可能有的最大动能(下击暴流的强度),即环境负浮力对气块做功所产生的动能。

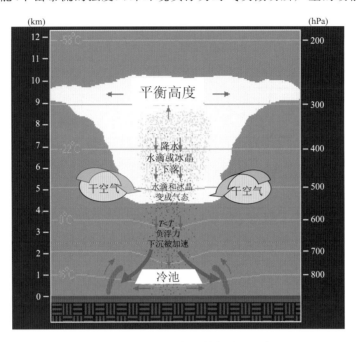

图 3.11 对流中下沉气流被加速的示意图

DCAPE 的表达式为:

$$\text{DCAPE} = \int_{p_i}^{p_n} R_d (T_{\rho e} - T_{\rho p}) \mathrm{d}\ln p \tag{3.11}$$

其中,$T_{\rho e}$ 和 $T_{\rho p}$ 分别表示周围环境大气和气块的密度温度,$p_i$ 表示气块起始下沉处的气压,$p_n$ 表示下沉气块到达中性浮力层或地面时的气压。

与 CAPE 类似,DCAPE 可以在 $T$-ln$p$ 图中用面积表示。在图 3.12 中,DCAPE 与线段 $AB$、$BC$、$CD$ 及层结曲线 $AD$ 所围的面积成正比。把中层干冷空气的侵入点作为气块下沉的起始高度,在图 3.12 中即为 $\theta_w$ 最小的高度(正好也是 700 hPa 附近 $T - T_d$ 最大的地方,表示干空气侵入高度)。下沉起始温度以大气在下沉起点的温度经等焓蒸发至饱和时所具有的温度作为大气开始下沉的温度,在图 3.12 上即从起始下沉高度的温度和露点温度求抬升凝结高度,然后从抬升凝结高度沿着湿绝热线下沉,与起始下沉高度的等压线交点即为 $B$ 点。气块沿湿绝热线下沉至地面 $C$ 点,这条湿绝热线与大气层结曲线所围成的面积 $BCDA$ 表示的能量为下沉对流有效位能。

假设不考虑其他因素,若气块在起始下沉高度(干空气侵入高度)的垂直速度为 0,则气块下沉到达中性浮力层或地面时,理论上负浮力做功引起的对流下沉速度可以用下式估算(垂直向上为正)。

$$-w_{\max} = \sqrt{2\text{DCAPE}} \tag{3.12}$$

使用 DCAPE 时有几点值得注意:

① 下沉起始高度的取法。一般将其取为 700~400 hPa $\theta_w$ 或 $\theta_{se}$ 最小值处或 600 hPa 处。

② DCAPE 与 CAPE 的产生过程有重要的差别。CAPE 产生于上升凝结过程,可精确地

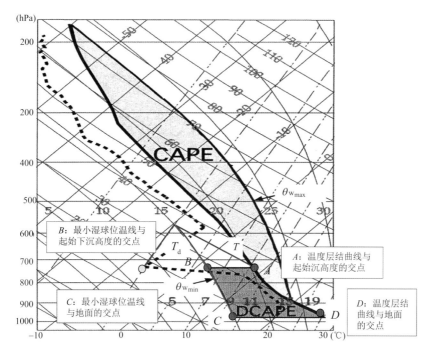

图 3.12　DCAPE 示意图(Gilmore et al. ,1998)

把该过程看作一个平衡过程,小云滴和水汽具有同样温度。而充满降水雨滴的下沉气流,由于雨滴相对较大,对空气而言,它具有明显的下沉速度,雨滴的温度不一定等于气块温度,因而,下沉蒸发过程是一种非平衡过程,但一般仍处理为平衡过程。

　　③与 CAPE 相比,DCAPE 的理解和计算过程更为复杂。气块中的水物质难以确定,影响到密度温度的计算,可以用虚温代替式(3.11)中的密度温度(李耀东 等,2014)。

　　④很多情况下,水物质的蒸发并非能够一直使得下沉气流恰好保持饱和状态。因此,与上升过程相比,气块沿着假相当位温线(即湿绝热线)下沉的可能性更小。

　　⑤当 CAPE 小于某一临界值时(该临界值需进一步通过试验确定),将不计算 DCAPE 或认为 DCAPE=0。因为如果 CAPE 较小,没有降水时,不可能有 DCAPE 所描述的下沉对流运动发生。

### 3.2.2　与不稳定能量储存相关的参数

　　强对流的发生与发展过程是大量能量累积、发展与释放的过程。强对流风暴的发展需要释放巨大能量,对流能量的积聚也是强对流风暴发生的前提条件。干暖盖指数和对流抑制能量反映了低层大气稳定结构对于对流运动的抑制强度,一旦这种抑制被突破,对流运动即可得到较为充分的发展。

#### 3.2.2.1　干暖盖强度指数

　　在强对流爆发前,低层(主要指边界层内)常有逆温层,它一般具有干暖特性,故常常被称"干暖盖"。它相当于一个阻挡层,暂时把低空湿层与对流层上部的干层分开,阻碍对流的发展(有关干暖盖的作用,详见附录 C2.1.3)。

干暖盖一方面抑制对流,另一方面也是对大气不稳定能量进行储存和积累。这种作用使得不稳定能量不至于零散释放,而是集中在具有强大触发机制的地区释放,造成剧烈的对流天气。因此,在分析、预报强烈对流天气时,应注意低层是否有干暖盖。

干暖盖的相对强度可用指数 Ls 表示,单位为℃:

$$Ls = (\theta_w^*)_{max} - \bar{\theta}_w \tag{3.13}$$

其中,$(\theta_w^*)_{max}$ 表示逆温层顶处的最大饱和湿球位温,$\bar{\theta}_w$ 表示靠近地面 50 hPa 气层中的湿球位温的平均值。Ls 越大,表示干暖盖越强。

### 3.2.2.2 对流抑制能量

对流抑制能量英文全称为 convective inhibition,简称 CIN,单位为 J/kg。

对流抑制能量是反映对流发生之前与能量储存相关的参数,即不稳定能量的储存机制。对流抑制能量的定义:当起始抬升的气块通过稳定层到达自由对流高度 LFC 所做的负功。公式表示为

$$CIN = -\int_{p_{LFC}}^{p_i} R_d (T_{vp} - T_{ve}) d\ln p \tag{3.14}$$

其中,$T_{ve}$ 和 $T_{vp}$ 分别表示环境大气和气块的虚温,$p_i$ 表示气块起始抬升高度,$p_{LFC}$ 为自由对流高度,CIN 是气块获得对流必须超越的能量临界值。注意,为方便起见,式(3.14)中已经将 CIN 转为正值。

在 *T-ln p* 图上,将气块抬升到 LFC 位置通常需要对气块做功。而所需做功大小与气块起始抬升高度到 LFC 之间的状态曲线与层结曲线所围的面积成正比,这块面积被称为负面积,即对流抑制能量 CIN(图 3.6)。

可见,处于低层的气块能否产生对流,取决于它能否从其他途径获得克服 CIN 所表示的能量,这是对流发生的先决条件。对发生强对流的个例分析表明,通常是 CIN 有一较合适的值。因为如果 CIN 太大,抑制对流程度大,对流不容易发生;而如果 CIN 太小,不稳定能量不容易在低层积聚,很容易发生不太强的对流,从而使对流不能发展到较强的程度。

根据 CIN 的定义,$CIN = \frac{1}{2}(W_i^2 - W_{LFC}^2)$,即 CIN 在数值上等于起始高度处动能与自由对流高度处动能之差。现在假设 $w_{LFC} = 0$,则可以从理论上估算起始高度处所需的上升运动 $w_i$(垂直向上为正)。CIN 和 $w_i$ 的关系表达式如下:

$$w_i = \sqrt{2CIN} \tag{3.15}$$

如果 CIN=50 J/kg,则根据式(3.15)可以计算初始时的 $w_i$=10 m/s。根据以往的一些分析结果,在地形、冷锋、海风锋、重力波、冷池出流等作用下,可以在低层产生中尺度的强上升运动,不过一般量级在 0.1~1 m/s(卢焕珍 等,2012;王秀明 等,2014)。在某些情况下,也有可能存在接近 10 m/s 的强上升运动。比如,数值模拟表明,当干线上存在小扰动时,初始上升运动超过 5.5 m/s(Campbell et al.,2014)。但一般情况下,初始垂直上升运动超过 10 m/s 的情况罕见。在实际过程中,除了初始高度的动能,气块可能还受到来自 LFC 层以下其他层次的动能输入,所以初始上升速度并不用达到 10 m/s。正因为如此,在地面抬升条件相同时,低层较为深厚的辐合上升运动更有利于对流的触发。

## 3.3 大气热力-动力参数结合的组合参数

对流能否发展成为强风暴,一方面取决于稳定度状况,另一方面取决于环境的动力条件。

热力和动力参数从不同侧面反映出天气发生的环境。在应用时,常常把大气热力(稳定度或能量)参数和风垂直切变等动力参数结合起来组成一些具有天气动力学意义的新参数。如理查森数是把热力稳定度和动力条件相结合判断大气综合稳定度状况的一个传统指标。粗理查森数和能量螺旋度等将对流能量和动力参数相结合,从不同侧面反映了强对流发生的环境特征和条件。而强天气威胁指数是用于强雷暴预报的指数。下面对这几个热力-动力参数结合的组合参数一一进行介绍。

### 3.3.1　理查森数

理查森数英文全称为 Richardson number,简称 $Ri$。在大气湍流理论中,理查森数是一个重要的参数。理查森数最初是为了寻找大气湍流发展与否引入的,现在已经用于区分各种尺度扰动系统是否稳定以及暴雨的落区预报中。它表示静力稳定度和风速垂直切变之间的关系,实际上反映了有效位能与有效动能之间的关系。层结越不稳定,垂直切变越大,越有利于湍流发展。

理查森数的表达式为

$$Ri = \frac{\frac{g}{\bar{\theta}}\frac{\partial \theta}{\partial z}}{\left(\frac{\partial u}{\partial z}\right)^2 + \left(\frac{\partial v}{\partial z}\right)^2} \approx \frac{g}{\bar{\theta}}\frac{\Delta\theta_z \cdot \Delta z}{(\Delta u)_z^2 + (\Delta v)_z^2} \qquad (3.16)$$

其中,$\bar{\theta}$ 是两个高度上(比如 850 hPa 和 500hPa)位温的平均值,$\Delta\theta_z$ 是两个高度上位温的差值。$\Delta u$ 和 $\Delta v$ 是两个高度上纬向风和经向风的风速差。$\Delta z$ 是两个高度之间的高度差。

理查森数可正可负。理查森数对强对流天气有很好的指示性,判据如下:

当 $0.25 \geqslant Ri \geqslant -1$ 时,易发生中纬度系统性对流。

当 $-2 \leqslant Ri < -1$ 时,易发生气团性雷暴。

当 $Ri < -2$ 时,易发生热带性积雨云。

### 3.3.2　粗理查森数

粗理查森数英文全称为 bulk Richardson number,简写为 BRN。

强对流天气可以发生在弱的垂直风切变与强的静力不稳定环境或相反的环境中。可见,要形成生命期较长的对流风暴,控制风暴结构和发展的因子(热力能量和运动能量)之间存在着某种平衡关系。BRN 可以很好地反映这种平衡关系,它用对流有效位能(CAPE)与垂直风切变(SHEAR)之比表示。其数学表达式为:

$$BRN = \frac{CAPE}{SHEAR} = \frac{CAPE}{\frac{1}{2}(Shr^2)} \qquad (3.17)$$

其中,CAPE 为对流有效位能;Shr 为对流层中层与对流层低层之间的风矢切变,它既代表了供给风暴的近地面层入流,也代表了上升气流产生旋转的能力。BRN 总是正值。

在实际计算时,Shr 为低层 0~6 km 的密度加权平均风与 0~500 m 近地面层平均风之间的风速差。

$$Shr = \left\{\frac{\int_0^6 \rho(z)|\boldsymbol{V}(z)dz|}{\int_0^6 \rho(z)dz} - \frac{1}{2}|\boldsymbol{V}_0 + \boldsymbol{V}_{0.5}|\right\}/6 \qquad (3.18)$$

其中，$V_0$ 代表 0 km 的风矢量，$V_{0.5}$ 代表 0.5 km 的风矢量。$\rho(z)$ 代表高度 $z$ 上的密度，$V(z)$ 代表高度 $z$ 上的风矢量。

由于 CAPE 反映上升气流的强度，而 SHEAR 决定风暴的特征。因此，BRN 可以描述风暴类型、垂直风切变与浮力之间的关系。多单体风暴易于发生在风速切变大，但是低层风向切变弱的情况下。脉冲风暴易发生在 CAPE 大而风切变小的情况下。对超级单体而言，CAPE 和 SHEAR 都很重要。通过 BRN，可以区分对流风暴的类型。中等强度的超级单体往往发生在 5≤BRN≤50 的情况下，而多单体风暴一般发生在 BRN>35 的情况下。可见，BRN 的大小要适中。

杨国祥等(1994)研究了 BRN 与强对流天气的关系：在出现雷暴大风、冰雹的情况下，BRN 往往较小，若取 Shr 为 0～10 km 密度加权平均风和 0～600 m 近地面层风之间的差值，则可将 BRN≤40 作为预报雷暴大风、冰雹的临界值。说明雷暴大风、冰雹主要出现在超级单体或强多单体风暴中。但是在弱对流不稳定的情况下，BRN 并非一个好的预报指标，因为这时的 BRN 可以较小。

使用 BRN 的需注意以下事项：

①当 CAPE 和 SHEAR 都很小时，不能用该指数。CAPE 至少 500 J/kg，风切变至少达到 10 m/s。

②当 BRN 相同时，CAPE 和 SHEAR 有很多组合方式，因此，还需分别检验 CAPE 和 SHEAR 的大小。

③BRN 指数不能反映水汽、逆温、风向的切变、急流和抬升等信息，因此，需同时考察这些参数。

### 3.3.3 风暴相对螺旋度

风暴相对螺旋度英文全称为 storm relative helicity，简称 SRH，单位为 $m^2/s^2$。

从运动学观点来看，旋转的流体有利于能量的维持，对系统发展及生命维持起了积极的作用。在对流层低层几千米以内，相对于风暴的风向随高度顺时针旋转是风暴旋转发展的关键因子。风暴相对螺旋度(也称为总螺旋度)反映了一定气层厚度内(一般指 3 km 内)环境风场旋转程度的大小和输入到对流风暴体内的环境涡度的多少。

下面首先介绍螺旋度(Helicity)的概念。螺旋度反映了流体沿着旋转方向运动的强弱。很多研究表明，螺旋度对雷暴、龙卷、大范围暴雨等的分析预报有一定的指示作用。

螺旋度为风速矢与相对涡度点乘的体积分，表示为：

$$H_T = \iiint_\tau \boldsymbol{V} \cdot \nabla \times \boldsymbol{V} \mathrm{d}\tau \qquad (3.19)$$

而风速矢与涡度矢的点乘称为局地螺旋度(又称螺旋度密度)，表示为：

$$H_D = \boldsymbol{V} \cdot \nabla \times \boldsymbol{V} \qquad (3.20)$$

式(3.19)和式(3.20)中的 $\boldsymbol{V}$ 为三维风速，$\nabla \times \boldsymbol{V}$ 是三维涡度矢量。

后来，Brandes 等(1988)提出了"风暴相对螺旋度"的概念，认为相对于风暴的螺旋度才是更有实际意义的量。其表达式为：

$$H_{s-r-T} = \int_0^h (\boldsymbol{V} - \boldsymbol{C}) \cdot \boldsymbol{\omega} \mathrm{d}z \qquad (3.21)$$

其中，$\boldsymbol{C}$ 是风暴的移速，$\boldsymbol{V} - \boldsymbol{C}$ 是风暴相对气流(图 3.13)。$\boldsymbol{\omega} = \nabla \times \boldsymbol{V}$ 是三维涡度矢量。$h$ 是风

暴入流气层的厚度,通常取为 3 km。$H_{s-r-T}$ 的单位是 $m^2/s^2$。

风暴相对螺旋度可用以估算垂直风切变环境中风暴运动所产生的旋转潜势,也就是说,气流入流层上沿流线方向的涡度可以进入,并与上升气流核作用,在风暴相当深的层次中产生强大持久的旋转。当沿着流线方向的强涡度与低层强相对风暴气流相结合(方向一致)时,相对风暴螺旋度或旋转潜势尤其大(图 3.14)。

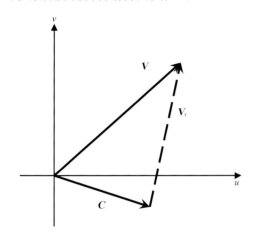

图 3.13　风暴相对气流示意图
($C$ 是风暴的移速,$V$ 为相对于地面的风速,$V_r$ 为风暴相对气流)

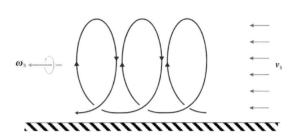

图 3.14　水平涡度矢量与水平气流方向一致时产生
螺旋式运动的示意图(Markowski et al. ,2010)
($v_h$ 为水平风矢量,$\omega_h$ 为水平涡度)

局地风暴相对螺旋度记为

$$H_{s-r-D} = (\boldsymbol{V} - \boldsymbol{C}) \cdot \boldsymbol{\omega} \tag{3.22}$$

表示某一高度的单位厚度气层内总螺旋度的大小,单位是 $m/s^2$。

平均风暴相对螺旋度是对总螺旋度求高度平均,单位是 $m/s^2$。

$$H_{s-r-M} = \frac{1}{h} \int_0^h (\boldsymbol{V} - \boldsymbol{C}) \cdot \boldsymbol{\omega} \, \mathrm{d}z \tag{3.23}$$

局地直角坐标系中,各项可表示为

$$\boldsymbol{V} - \boldsymbol{C} = u_{sr}\boldsymbol{i} + v_{sr}\boldsymbol{j} + w_{sr}\boldsymbol{k} = (u - c_x)\boldsymbol{i} + (v - c_y)\boldsymbol{j} + (w - c_z)\boldsymbol{k}$$

$$\boldsymbol{\omega} = \nabla \times \boldsymbol{V} = \xi\boldsymbol{i} + \eta\boldsymbol{j} + \zeta\boldsymbol{k}$$

其中,$\xi = \dfrac{\partial w}{\partial y} - \dfrac{\partial v}{\partial z}$,$\eta = \dfrac{\partial u}{\partial z} - \dfrac{\partial w}{\partial x}$,$\zeta = \dfrac{\partial v}{\partial x} - \dfrac{\partial u}{\partial y}$。

对于强对流天气,相对于水平涡度分量,垂直涡度分量($\zeta$)可以忽略。同时,强对流发生前,与水平风的垂直切变相比,垂直速度在水平方向变化($\dfrac{\partial w}{\partial x}$ 和 $\dfrac{\partial w}{\partial y}$)不大。因而,局地风暴相对螺旋度可以改写为

$$H_{s-r-D} = v_{sr}\frac{\partial u}{\partial z} - u_{sr}\frac{\partial v}{\partial z} \tag{3.24}$$

将总螺旋度写为差分求和形式

$$H_{s-r-T} = \sum_{k=1}^{N-1} \left[ (v_k - c_y)(u_{k+1} - u_k) - (u_k - c_x)(v_{k+1} - v_k) \right] \tag{3.25}$$

其中,$k$ 表示自下而上的分层序号,$k=1,2,3,\cdots,N-1,N$,共 $N$ 个层面。

经过整理,式(3.25)也可写为

$$H_{\text{s-r-T}} = \sum_{k=1}^{N-1}\left[(u_{k+1}-c_x)(v_k-c_y)-(u_k-c_x)(v_{k+1}-c_y)\right] \tag{3.26}$$

风暴相对螺旋度的几何意义:它与速度矢图中两个层次之间的风暴相对风矢量所扫过的区域成正比(图 3.15)。通常情况下,两个层次是指地面和可观察到风暴入流的顶,即 LFC 高度,实际应用时,气流的入流层是指 0~2 km 或 0~3 km 的层次。

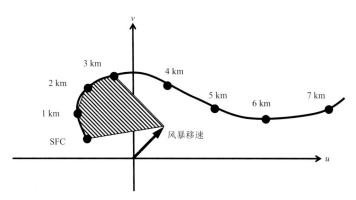

图 3.15   0~3 km 高度内风暴相对螺旋度的示意图

(风暴相对螺旋度与阴影面积成正比)

计算风暴相对螺旋度时,主要遇到的问题和不确定性有以下 3 个方面:

①资料问题:风场资料可由雷达资料导出,也可以利用探空资料,但是其时间间隔为12 h,对于强风暴的生命史来说,间隔太长。可以采用风廓线仪、数值预报资料等对风廓线进行订正。

②积分上下限取法:一般取为 0~3 km,也有的取 1~4 km。

③风暴移速的确定(风暴运动):准确地预报风暴运动是不大可能的。

在实际计算中,风暴速度可以这样确定:选取 850~400 hPa 气层中的质量加权平均风,风向向右偏转 30°,风速大小的 75% 作为该点的风暴速度。对于弱龙卷、中等强度龙卷和强龙卷,其螺旋度大小分别为 150~299 m²/s²,300~499 m²/s² 和大于 450 m²/s²($h=3$ km)。当 SRH>120 m²/s² 时,发生强对流的可能性极大。

### 3.3.4   能量—螺旋度指数

能量—螺旋度指数英文全称为 energy helicity index,简写为 EHI,EHI 是无量纲数。

通过收集多个例子,研究强对流风暴环境场的特征参数发现,风暴发生在对流有效位能(CAPE)数值跨度很大(200~5300 J/kg)的环境中。CAPE 数值的这种分布与季节有关。在冷的月份,有利于风暴发展的风场环境很常见,但该季节足以使雷暴发展的不稳定度却很少见,即使出现,数值也较小。对于暖的月份却正好相反。很多对流风暴发生在很弱或很强的不稳定环境中,其中伴有弱不稳定的是强切变,伴有强不稳定的是弱切变。

对流天气既可以发生在低风暴螺旋度(SRH<150 m²/s²)与高对流有效位能(CAPE>2500 J/kg)结合的环境中,也可以发生在相反的环境中(SRH>300 m²/s² 与 CAPE<1000 J/kg)。即 SRH 和 CAPE 之间存在一种平衡关系。

能量－螺旋度指数(EHI)是由 CAPE 和 SRH 组成的指数,它把浮力能和动力参数有效结合起来,其定义式为:

$$EHI=\frac{CAPE \cdot SRH}{1.6 \times 10^5} \tag{3.27}$$

其中,SRH 为风暴相对螺旋度,这里表示 0～2 km 的总螺旋度。

EHI 反映了强对流天气出现时,对流有效位能和风暴相对螺旋度之间互相平衡的特征。EHI 数值愈大,发生强对流天气的潜在程度就越大。EHI 较大时,出现超级单体和龙卷的可能性较大。大多数龙卷在 EHI>1 时发生,而强烈的龙卷在 EHI>2.5 时发生。

### 3.3.5　强天气威胁指数

强天气威胁指数英文全称为 severe weather threat,简称为 SWEAT。

SWEAT 是美国龙卷预报常用的一个指数,它是根据 328 次龙卷资料和日常预报经验得到的,在很多国家和地区得到应用。它反映了不稳定能量、风向风速垂直切变对风暴强度的综合作用。表达式为:

$$SWEAT=12T_{d850}+20(TT-49)+2f_8+f_5+125(S+0.2) \tag{3.28}$$

其中,$T_{d850}$ 为 850 hPa 露点温度(单位:℃),若 $T_{d850}$ 为负,则此项为 0,这反映了龙卷生成于暖湿的环境中;$TT=T_{850}+T_{d850}-2T_{500}$ 为总指数,若 TT<49,则 $20(TT-49)$ 等于 0;$f_8$ 为 850 hPa 的风速(海里①/小时),若风速以 m/s 为单位时,应该乘以 2;$f_5$ 为 500 hPa 的风速(海里/小时),若风速以 m/s 为单位时,应该乘以 2;$S=\sin(500$ hPa 的风向－850 hPa 的风向);切变项 $125(S+0.2)$,当下列 4 个条件中任一条件不具备,便为 0。850 hPa 的风向在 130°～250°;500 hPa的风向在 210°～310°;500 hPa 的风向减 850 hPa 的风向为正;850 hPa 的风速和 500 hPa 的风速至少等于 15 海里/小时(相当于 7.5 m/s)。

SWEAT 的值越高,发生龙卷或强雷暴的可能性越大。要注意:

①这个指数的高数值只是表示强天气潜在的可能性,不意味着当时出现强天气。

②这个指数不应用于一般雷暴的预报,式中切变项和风速项等专门用以区别一般雷暴和强雷暴的。

在美国,分析过去龙卷和强雷暴实例,总结它与天气的关系为:发生龙卷时,SWEAT 的临界值为 400,发生强雷暴时,SWEAT 的临界值为 300。这里的强雷暴是指伴有风速 25 m/s 以上的大风,或 1.9 cm 以上降雹的雷暴天气(注:这是美国对强雷暴的定义)。

## 3.4　$T\text{-}\ln p$ 图上求算对流参数练习

在第 1 章手工绘制 $T\text{-}\ln p$ 图的基础上,求算以下对流参数:

①从 850 hPa 抬升气块,绘制新的状态曲线,并标注新的 CAPE 和 CIN 区域。

②在图上直接求算 SI 和 $K$ 指数。

③参考图 3.12 的绘制方法,在图上标注 DCAPE 区域。

---

①　1 海里=1.852 km,下同。

# 第4章 探空分析和订正

## 4.1 探空的代表性问题和解决方法

在开展强对流天气分析和预报时,根据探空可以分析大气的稳定度条件、水汽条件和垂直风切变等特征。要使探空对于某一次强对流事件有较好的指示意义,探空应该遵循临(邻)近原则,时间上一般不超过对流发生前 4 h,空间上与强对流天气发生地的距离小于 150 km(俞小鼎 等,2020;章国材,2011)。我国探空站的平均间隔为 200~300 km,时间间隔为 12 h,时空分辨率太粗。许多强对流天气发生在下午,如果直接使用 08 时的探空特征来判断午后发生强对流的潜势,有可能会导致较大的偏差。这是因为早上的探空只是表明了 08 时大气的瞬时状态,而午后的大气状况可能会发生显著变化,使得 08 时的探空常常不能真实地体现强对流天气发生时的环境条件。比如 2011 年 6 月 23 日下午到夜间,北京发生了短时强降水,局部伴有冰雹和雷暴大风。对比图 4.1a 和 4.1b 可以看到午后的温度和湿度廓线发生了明显变化:700 hPa 附近出现了逆温,水汽更加集中于低层,中层和高层的干层明显加厚。

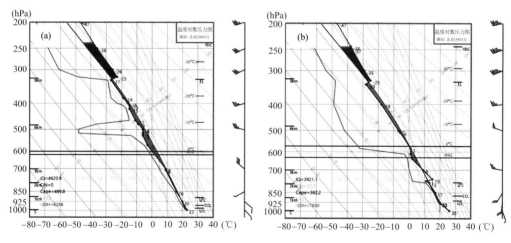

图 4.1 2011 年 6 月 23 日 08 时(a)和 14 时(b)的北京观象台探空曲线

解决探空代表性问题,主要有以下几种方法:

(1)增加 14 时探空

近几年来,北京、上海等地在汛期增加了 14 时探空,2013 年 6 月在全国开展了增加 14 时探空的试验,在预报中取得了较好的效果。廖晓农等(2007)基于 2006 年发生在 14—20 时的多个对流个例,发现利用 14 时探空计算出来的对流参数对于对流天气发生的指示意义优于 08 时。同时研究表明,上游地区的加密探空对于提高下游对流天气的准确率有非常重要的帮助。比如对于雷暴经过张家口移入北京的个例,张家口距离雷暴起始地点比北京探空站更近,可以较好地反映对流发生时的环境条件。同时在平流显著时,张家口(上游)的信息可以帮助北京(下游)的预报员预测本地探空的演变趋势(章丽娜 等,2014)。

(2)探空曲线重构(探空订正)

衡量一个预报员(主要针对从事短临预报)是否经验丰富的标准之一,在于他对于对流发生时的大气变化的判断能力,以及对探空的订正能力(Vasquez,2009)。订正探空有两种目的:一是用于事后分析,研究对流发生时的中尺度环境条件;二是用于预报,对未来对流发生的中尺度环境进行估计。探空订正主要是靠预报员根据经验修正环境的温度和露点温度廓线的数值。具体的订正方法将在第 4.4 节介绍。

(3)基于风廓线和微波辐射计资料的反演

魏东等(2011a)基于 2007 年和 2008 年 7—9 月北京南郊观象台的微波辐射计探测的温湿数据和风廓线仪器探测的水平风数据构造了特种资料,将其与实测探空对比,发现定性分析时可以弥补常规探空时间分辨率低的不足,但是定量使用中还需区别对待。其中,特种探空的温度和水平风误差较小,但是露点温度偏差较大。

(4)基于温度湿度平流的稳定度计算

Vasquez(2009)指出:引起气柱内温度和露点温度变化的原因之一是来自不同层次、不同地点、不同属性的空气的平流运动。然而,由于空气是沿着等熵面运动,而不是水平面运动,所以,不能简单地由等压面图上冷平流或暖平流来估计平流大小。模式输出场可能是估计平流导致的探空变化的最佳工具,尤其是在对流层中上层。

(5)使用数值预报产品

虽然利用模式预报的数据,可以直接计算对流参数或者绘制 $T$-$\ln p$ 图,但是基于模式预报的探空往往和实际探空有一些差距,使用时应结合其他资料加以订正或检验。下面列举不同模式探空的评估和使用情况。

美国国家环境预报中心(National Centers for Environmental Prediction,简称 NCEP)再分析资料每日 4 次,分辨率可达 25 km。王秀明等(2012b)考察了 NCEP 1°×1°再分析资料在我国强对流天气产生环境分析中的适用性。研究表明,用再分析资料计算的 CAPE 与观测差异较大,$K$ 指数、温度直减率分析的层结稳定度与观测差异较小;中高层风与探空差异不大,500~700 hPa 几乎与观测一致;水汽参数与探空差异大,尤其是边界层内。边界层的风向与探空差异显著,不宜用 NCEP 再分析资料讨论雷暴触发问题。再分析资料的湿度廓线低层偏干而中层偏湿,925 hPa 以上风速偏小,降低了强对流发生概率。

魏东等(2011b)对比了常规探空、微波辐射计和风廓线数据构建的特征探空以及中尺度数值模式快速循环系统(BJ-RUC)模式探空在强对流天气判别中定量使用的可靠性,结果表明:模式探空对强对流天气发生前后的参量变化规律有一定的反映,低层垂直风切变最为接近,但少数表征大气热力性质的物理参数数值和转折时间与实况存在差别,可能与模式不能准确描述中小尺度天气系统的发生发展过程有关。模式对潜热释放过程的描述能力明显不足,几乎不能描述强对流云团发展过程中对流层中上层的增温过程。因此,在使用模式探空参量制作强对流天气的潜势预报时,需要辅助实时探测数据(如特种探空)计算的物理参量,对模式预报结果进行订正。张文龙等(2012)分析了北京两次局地强暴雨过程中 BJ-RUC 模式探空的特征和应用,发现有时模式没有预报降水,但是在探空中有一定反映,因此,模式探空对降水预报有一定的指示意义。

雷蕾等(2012)基于BJ-RUC探空资料开展试验,表明利用BJ-RUC的格点探空资料进行强对流天气概率预报是可实现的,在强对流天气的分类概率预报中也存在一定的成功率。

Hart等(1998)发现高分辨率(逐小时输出)的探空资料对以下方面的预报有帮助:锋面过境时间、低空急流、对流触发、晴空湍流、云量、低层层云和雾的消散、逆温高度、边界层厚度、对流事件中的风暴相对螺旋度等。在制作短临预报时,将逐小时模式预报资料和逐小时地面观测资料结合,有助于加强对流参数分析。高分辨率的LI、CAPE、CIN、水汽通量散度以及这些场的2 h变化可以帮助预报员判断对流趋势。

## 4.2 影响温度直减率的因子

很多情况下,探空特征到了午后会发生明显变化。不稳定能量的大小与温度廓线的特征关系密切。第2章已经指出,环境大气的垂直温度递减率越大,越容易使得大气层结不稳定。下面主要介绍造成温度层结变化的因子。

### 4.2.1 公式分析

影响温度直减率的因子有以下几项(Banacos et al.,2010):

$$\frac{\partial \gamma}{\partial t} = -\frac{1}{c_p}\frac{\partial Q}{\partial z} - \boldsymbol{V} \cdot \nabla_h \gamma - w\frac{\partial \gamma}{\partial z} + \frac{\partial \boldsymbol{V}}{\partial z} \cdot \nabla_h T + \frac{\partial w}{\partial z}(\gamma_d - \gamma) \qquad (4.1)$$

$$\quad\;\; A \qquad\quad B \qquad\quad C \qquad\quad D \qquad\quad E$$

式中,$A$ 为非绝热加热项。若低层非绝热加热随高度减小(增加),则低层的温度直减率将增大(减小)(图4.2a)。例如,太阳辐射加热地面,近地面的温度直减率会增大。$B$ 为水平平流项。如果盛行风的上游存在温度直减率大值区,那么下游地区的温度直减率可能会增大(图4.2b)。$C$ 为垂直平流项。如果 $T$-ln$p$ 图中某一层下面的温度直减率大于上面的温度直减率,那么当该层附近存在上升运动时,该层的温度直减率会增大(图4.2c)。如果逆温层底部之下存在上升运动,则逆温层会减弱或消失。$D$ 为差动温度平流项。如果某一层的下面盛行暖平流,上面盛行冷平流,那么该层的温度直减率将增大。在 $T$-ln$p$ 图中可根据风随高度的变化来判断冷暖平流。$E$ 为垂直拉伸项。如果气层(环境)的温度直减率小于干绝热直减率,同时伴有上升运动随高度增加,那么该层的温度直减率将增加(图4.2e)。

根据尺度分析发现,式(4.1)的5项中水平平流项($B$)比其他项高出1~2个量级,其次是垂直平流项($C$)和差动温度平流项($D$),非绝热加热项($A$)和垂直拉伸项($E$)最小,说明影响温度直减率变化的因子中,平流占了主要作用。因此,在探空订正时,首先要判断平流的作用是否明显。

### 4.2.2 实例分析

下面通过实例说明,水平平流项对下游垂直温度直减率的影响。2011年6月23日白天到夜间,受 $\beta$ 中尺度对流系统影响,河北西北部—北京—河北南部相继经历了强对流天气(图4.3a)。其中,北京城区出现较为罕见的对流暴雨(图4.3b),造成了严重的城市内涝(简称"6·23"暴雨)。

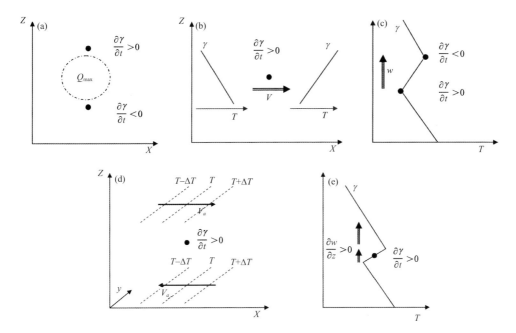

图 4.2　影响局地温度直减率变化的示意图(Banacos et al. ,2010)
(a)由于存在非均热加热最大值;(b)由于温度直减率的水平平流;(c)由于温度直减率的垂直平流;
(d)由于差动温度平流;(e)垂直拉伸

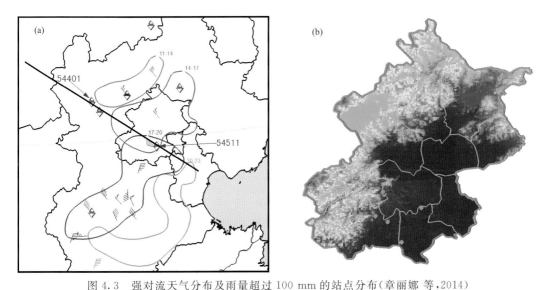

图 4.3　强对流天气分布及雨量超过 100 mm 的站点分布(章丽娜 等,2014)
(a)2011 年 6 月 23 日 11—23 时北京、河北地区强对流天气分布(彩色实线所圈范围表示小时雨量≥
20 mm 的对流暴雨区域,大风站用彩色风向杆表示,用颜色区分强天气出现的时间(每 3 h 间隔),其
中,11—14 时、14—17 时、17—20 时、20—23 时分别用绿色、紫色、蓝色、黄色实线表示,冰雹用"⬧"
表示,红色箭头所指站点分别为河北张家口(54401)和北京观象台(54511)两个探空站,经过两个探
空站的黑色直线表示图 4.10 剖面基线位置);(b)北京地区 23 日 14 时—24 日 08 时过程雨量超过
100 mm 的 19 个站点分布(红色实心点表示城区站点,蓝色实心点表示城区以外站点)

对比北京 23 日 08 时和 14 时探空(图 4.4a，b)可以发现，北京午后温度廓线最明显的变化是 700 hPa 附近温度直减率增大，该层厚约 1800 m(611～760 hPa)，温度递减率达 8 ℃/km，接近干绝热递减率，温度直减率大值层下伴有逆温。认为 700 hPa 附近温度直减率大值层的出现本质上是由温度平流造成的。

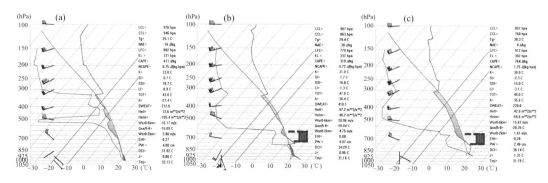

图 4.4  2011 年 6 月 23 日 *T*-ln*p* 图

(a)北京观象台 08 时探空；(b)北京观象台 14 时探空；(c)河北张家口探空 08 时

(图 b 和 c 中的棕色阴影区域表示温度递减率大值层所在高度)

比较北京及其上游张家口的探空可见(两探空的位置见图 4.3a)，河北张家口 08 时的探空已经具有与北京 14 时探空类似的低层温度直减率大值层(图 4.4c)：640～774 hPa 的温度从 16.2 ℃ 降到 2.3 ℃，温度直减率约为 8.6 ℃/km。张家口 700 hPa 附近盛行西北气流，因此，张家口 650～750 hPa 的温度直减率大值层可以通过西北气流，平流到北京上空。

如果粗略计算，张家口到北京的球面距离为 171.3 km，平流所需时间约为 5 h，即 13 时左右到达北京，与观测接近。也可直接从图 4.5 中 700 hPa、500 hPa 盛行偏西风来预估午后

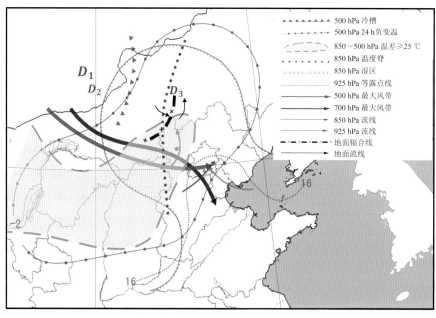

图 4.5  2011 年 6 月 23 日 08 时中尺度分析综合图(章丽娜 等，2014)

($D_1$ 为高空低压中心位置，$D_2$ 和 $D_3$ 为地面低压中心位置；蓝色实心点分别表示张家口和北京探空站所在位置)

850 hPa 与 500 hPa 温差大值区(温度直减率大值区)将向东南偏东方向移动,定性判断未来北京温湿廓线将发生较大变化。值得注意的是,用 850 hPa 与 500 hPa 温差大值区来描述可能会低估直减率大小,因为实际低层温度直减率大值区只是出现在 700 hPa 附近。

## 4.3 探空订正方法简介

这里只介绍大气影响系统不明显情况下所做的探空订正,如果平流明显,不仅是低层,中高层的大气温度、湿度廓线都可能发生明显变化,这就需要结合本章介绍的其他方法来分析。下面首先介绍 4 种气块抬升方法及相应的订正方法,然后介绍探空订正的主要工具和操作步骤。

### 4.3.1 抬升气块的不同选取方法

抬升气块最基本的方法是从地面开始,但是这种抬升有时没有代表性。针对不同的目的和天气形势,可选择不同的抬升气块的方法。对于没有说明抬升方式或抬升层次的表征不稳定性的产品(如 CAPE 等),没有应用价值,应慎重使用。下面介绍 4 种抬升气块的方法。

(1)地基气块法

假设所有的云内物质源于近地面,那么最简单的方法是抬升地面的气块。但事实上,大气中的上升运动不可能完全源于地面层。如果近地面上空的空气与地面的空气不同时(比如在某站上空有一层非常浅薄的热带气团),地基气块法几乎不具代表性。有时地基气块法是唯一可行的方法,也是初步估计不稳定的最简单办法。然而如果可能的话,预报员还是应该尽量选用混合气块法或者最不稳定法。

选取地基气块进行探空订正时,订正方法如下:当估计对流可能会在午后发生时,可用预报的午后温度、露点温度来替代 08 时实测探空的地面值;或者只是根据预报的午后温度订正 08 时探空。在事后分析时,也可以用类似的订正方法,有时测站有 14 时加密探空,午后发生了对流,但位置不在本站,可以用对流发生地的地面温度和露点温度替换测站探空的地面数据,得到的探空曲线更能反映对流发生时的情况(章丽娜 等,2014)。

(2)混合气块法

当太阳加热地面和大气时,大气将发生深层混合,通过混合使得混合层的位温和比湿相等。大部分混合是由积云或者积雨云的上升运动引起的。因此,混合气块法能够更加准确地代表上升大气。研究表明,相比地基气块法,混合气块法能够更好地预报积云云底高度。

在使用混合气块法时,需要首先选定混合气层的顶部和底部。通常以 hPa 来表示厚度,底部常取在地面,建议厚度为 100~150 hPa,预报员也可以根据探空实际选择气层。当气层确定后,接下来的目标是找到平均混合比来确定露点温度,平均的位温来确定温度(具体求法见图 4.6 说明)。一旦平均混合比和平均位温确定后,用混合后的等饱和比湿线和干绝热线替换原来的环境湿度(露点温度)和温度廓线。两线的交点定义为混合凝结高度(mixing condensation level,简称 MCL),在此高度之上,气块沿湿绝热线上升。

除了按照图 4.6 的方法修正,也可将预报的午后最高温度值作为图 4.6a 中修正温度($T$),然后再沿着干绝热线上升并与原温度廓线相交(交点在边界层以内)。交点以上温度廓线不变,交点以下替换为干绝热线,从而构成了新的温度廓线。地面露点温度的求法与图 4.6b 中所示相同。用这种办法可以估计午后的不稳定能量(图 4.7)。图 4.7 中,由于午后增温,低层温度廓线修正为 30 ℃等位温线(橘黄实线),其与原温度廓线的交点为 A 点。订正后的露点温度廓线为 16 g/kg 的等饱和比湿线(绿实线)。根据修正的午后温度和露点温度值,重新求算 LCL,即图 4.7 中的 B 点(也是 CCL)。从 B 点向上作湿绝热线,就可以得到午后的 CAPE 和 CIN(分别是图 4.7 中密斜线阴影区和疏斜线阴影区)。

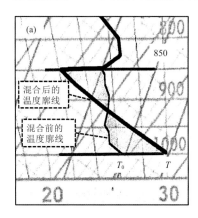 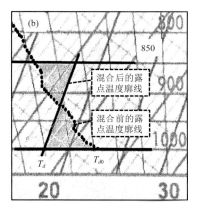

图 4.6 混合后的干绝热线和等饱和比湿线的求法(Vasquez,2009)

(其中,$T_0$ 和 $T_{d0}$ 为混合前气块的温度和露点温度。这里假定地面气块所在高度为 1000 hPa,选取混合层的厚度为 150 hPa。气块经过深层混合后,低层的温度廓线调整为(a)所示的干绝热线,在图上满足原温度廓线和新温度廓线相交、与 850h Pa 和 1000 hPa 围成的两个闭合图形面积相等。850 hPa 以上的温度廓线不变。干绝热线与地面的交点为混合后的地面温度 $T$。(b)中混合后的地面露点温度及地面以上 150 hPa 的露点温度廓线类似地面温度的求法,只不过用到了等饱和比湿线而不是干绝热线,要求在图上满足原露点温度廓线和新露点温度廓线相交、与 850 hPa 和 1000 hPa 围成的两个闭合图形面积相等)

(3)最不稳定气块法

最不稳定法是在地面以上的最低 300 hPa 层次内,找到最不稳定气块的高度,相比其他层次,这个层次上的大气能产生最暖的气块,或者说,产生最大的 $\theta_e$。最低 300 hPa 大气厚度约有 3 km。当对流发生在某一稳定层之上(如高架对流),应该采用最不稳定气块法。这种情况一般发生在锋区边界靠极地一侧。由于地面附近存在冷空气,使得地基气块法和混合气块法不能很好地反映抬升对流。因为在上述两种方法的高度上,大气不受高架对流的影响。

除了上面提到的几种气块抬升方法外,预报员可以手动选择某个高度层,或者构建一个抬升混合层,来抬升气块。如果冷空气厚度超过 300 hPa,会使得自动计算的最不稳定方法失效。在高层气块的抬升无法实现时,预报员需要手工分析探空图或者使用探空分析工具(具体操作参见第 4.3.2 节)。

(4)有效入流法

有效入流法(Thompson et al.,2007)是将探空曲线中包含正浮力的层次,合并为一个层次。许多诊断量(切变、不稳定)是基于格点、固定层次,而有效入流法能够给出更加精确的估计。

为了计算有效层,需要预先知道两个常数,一个是最小 CAPE,一个是最大 CIN。这两值一般设为 100 J/kg 和 -250 J/kg,可以由分析者更改。从地面开始分层,取非常小的间隔,然后将气块逐层向高层抬升,计算 CAPE 和 CIN。当某一个高度正好满足有效入流阈值时,将这一高度定义为有效入流层的底部。继续抬升气块当有效入流阈值不满足时,所在高度为有效入流的顶部。由于这个方法需要计算 CAPE 和 CIN,一般由计算机完成。

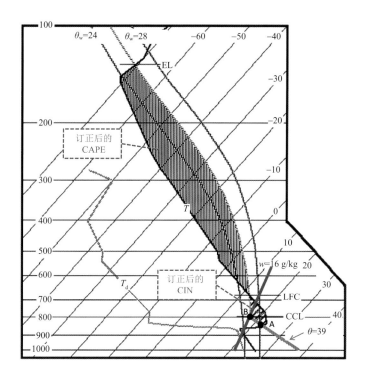

图 4.7　一个探空订正的例子(Doswell,2001)

(此探空对应的时间为 1974 年 6 月 8 日 12 时(世界时),地点为俄克拉荷马州廷克空军基地,当天发生
了强龙卷,此探空在龙卷发生地附近。探空用斜 $T$-ln$p$ 图显示。$w=16$ g/kg 等饱和比湿线表示近地
面 150 hPa 空气混合后的平均比湿,$\theta=39$ ℃为午后最高温度预报值对应的位温)

### 4.3.2　探空订正的主要工具和操作步骤

可以直接用气象信息综合分析处理系统(Meteorological Information Combine Analysis
and Process System,MICAPS)进行探空订正,也可以用探空资料分析显示系统(上海中心气
象台戴建华首席提供)进行订正。

(1)利用 MICAPS 订正

这里以 MICAPS4 版本为例。在 MICAPS 中打开一个探空资料,会弹出"探空图分析"界
面(图 4.8),选中"交互探空" ,可以看到探空图右侧出现订正栏。包括了 4 种订正方式:修
正抬升点、鼠标选点抬升、拖动订正和订正抬升层。

修正抬升点:输入抬升气块的气压(若是采用地基气块法,气压可以不变)及相应修正的温
度和露点(如预报或观测到的午后温度和露点温度)。

鼠标选点抬升:首先要输入温度露点差的值,然后在 $T$-ln$p$ 图上选中抬升点的温度位置。
一旦抬升点的高度和温度确定,由于温度露点差已知,露点温度值也相应确定,因此,自动生成
状态曲线。

拖动订正:可以利用鼠标直接拖动温度廓线和露点温度廓线上的值,从而形成新的状态曲线。

订正抬升层:可以任选气块的起始高度。

(2)利用探空资料分析显示系统订正

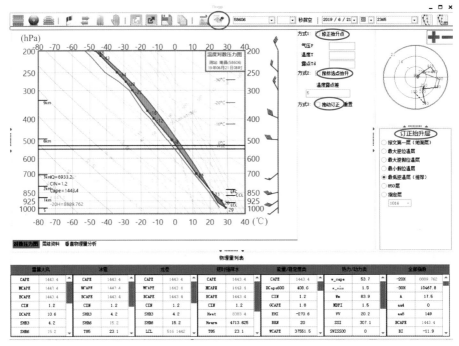

图 4.8    MICAPS 探空分析界面

在探空资料分析显示系统的文件夹下,双击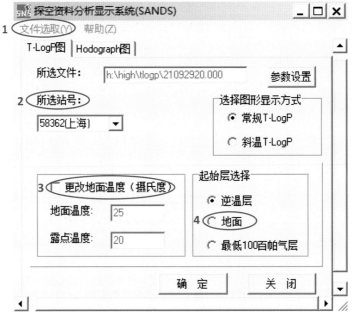 SANDS.exe ,则出现图 4.9 的界面。首先点击"文件选取",选中需要分析的探空数据;然后选择合适的站号;接着在"更改地面温度"前打勾,填入订正后的地面温度和露点温度;注意选择起始层,一般探空订正时选"地面"。

图 4.9    探空资料分析显示系统

注意：如果直接利用 MICAPS 修改探空的地面温度和露点温度，往往会出现近地面超绝热的现象，这是因为一般输入的午后地面温度高于早晨，当其他层次温度不变时，会出现虚假的超绝热层结。此时，最好用混合气块法。用探空资料分析显示系统时，手工输入地面温度和露点温度后，显示的温度廓线已经进行了类似混合气块法的订正，因此，没有虚假的超绝热层结。

### 4.3.3　探空订正实例

仍以第 4.2.2 节中的"6.23"北京暴雨为例，进行探空订正的实例介绍。根据北京 08 时探空(图 4.4a)，低层平均比湿约为 14 g/kg，具有较好的水汽条件，虽然对流有效位能(CAPE)值不是很大(411 J/kg)，但已具备一定的不稳定条件。

从 6 月 23 日 08 时温度平流剖面(图 4.10)可见，北京 850 hPa 以上暖、冷、暖、冷平流间隔出现。在温度平流作用下，北京午后的温度廓线发生了很大变化(图 4.4a,b)。700 hPa 附近上冷下暖的平流加大了温度直减率，其下有逆温生成，加强了对流抑制(08 时 CIN 为 16 J/kg，14 时 CIN 为 38 J/kg)。

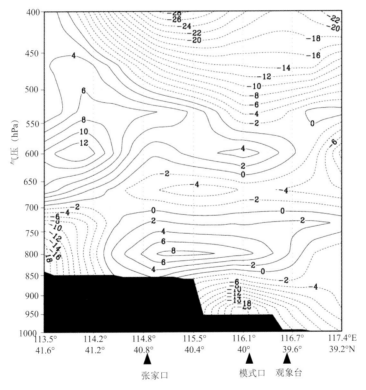

图 4.10　2011 年 6 月 23 日 08 时温度平流的空间垂直剖面(章丽娜 等,2014)
(剖面所取基线见图 4.3a 所示。张家口、模式口和观象台的大致位置用 ▲ 表示)

由北京 14 时探空计算的 CAPE 为 319 J/kg，午后 CAPE 较早晨减小的主要原因是 23 日 08 时 600 hPa 附近的暖平流削弱了该处的温度直减率。考虑到午后北京的地面温度、露点温度分布不均，而 CAPE 对气块抬升点的温度、露点温度非常敏感，现基于北京平原地区午后逐小时的地面温度和露点温度资料，订正观象台 14 时的探空，得到 14—17 时 CAPE

分布情况(图4.11a为16时CAPE,其他时次图略)。北京平原地区不同站点CAPE不同,表明了不稳定能量也具有不均匀分布特征。14—16时CAPE大值区(这里选取＞500 J/kg)与图4.3b中北京暴雨中心位置接近。说明临近对流暴雨发生时,北京山前和城区的不稳定程度明显高于其他地方。

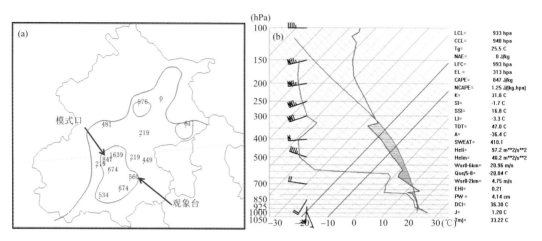

图4.11 基于16时北京平原地区地面温度和露点温度订正北京观象台14时探空后计算的CAPE(a,单位:J/kg,粉色实线表示CAPE大于500 J/kg,模式口和观象台位置用红色箭头表示);基于模式口16时地面温度和露点温度订正的北京观象台14时探空(b)

以模式口为例,其地面露点温度高出观象台探空2 ℃,以此露点温度订正14时观象台探空后,得到CAPE为847 J/kg(图4.11b)。本节分析表明,利用加密自动站提供的高时空分辨率的温度、露点温度数据来订正观象台14时探空,可得到更加接近风暴发生时间、发生地点层结所具有的不稳定能量。

## 4.4 探空订正练习

### 4.4.1 个例背景介绍

2009年6月3日12时开始到4日05时,山西、河南、山东、安徽北部、江苏北部先后出现了雷暴大风等强对流天气(图4.12)。其中3日15时46分到23时,河南郑州、开封、商丘等地出现了强飑线天气。飑线长约140 km,并以每小时50～60 km的速度快速向东南方向移动。随后波及安徽北部以及山东菏泽地区。商丘市强飑线天气21时发展最旺盛,持续2 h 19 min,造成18人死亡、81人受伤,直接经济损失就达14.5亿元,为数十年来罕见的一次强天气过程。

此次过程发生在高空冷涡背景下(图4.13),属于高空冷平流强迫类(孙继松 等,2014)。一方面,由于强对流区发生在500 hPa槽后,因此,中层存在强干冷平流,垂直方向上的温度差动平流形成了强的热力不稳定;另一方面,500 hPa强的西北气流有利于形成强的垂直风切变。这些都是有利于有组织对流产生的环境条件。

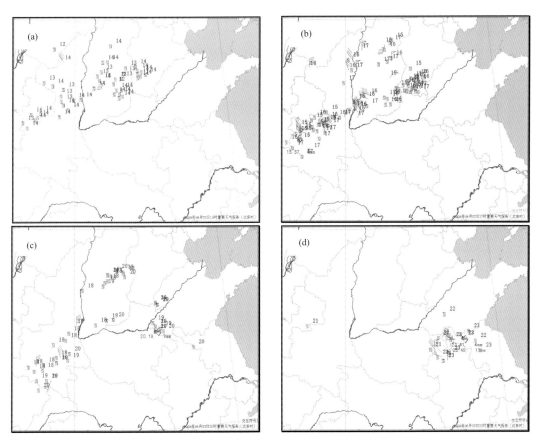

图 4.12　2009 年 6 月 3 日重要天气报
(a)14 时;(b)17 时;(c)20 时;(d)23 时

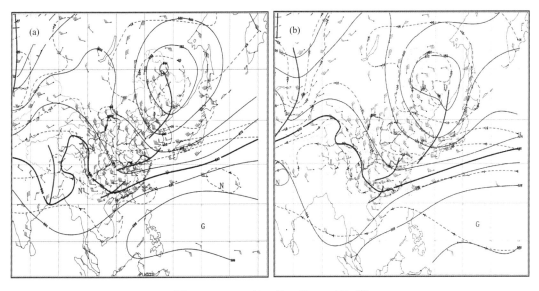

图 4.13　2009 年 6 月 3 日 500 hPa 图
(a)08 时;(b)20 时

### 4.4.2　实习内容

请结合本章介绍内容,完成以下实习文档,用时 1.5~2 h。

**探空订正实习**

**个例:2009 年 6 月 3 日山西、河南等区域性强对流**

实习要求:

①根据地面实况资料,商丘 3 日 14 时的温度和露点温度分别为 32 ℃和 20 ℃。请利用商丘 14 时的温度和露点温度,订正徐州 3 日 08 时的探空,并分别给出用 MICAPS 订正的截图和探空显示软件订正的截图。

②根据订正前后的探空资料,填写以下表格。

| 分类 | 关键参数/物理量 | 订正前 | 订正后 |
|---|---|---|---|
| 水汽条件(绝对湿度) | 地面比湿 | | |
| | 850 hPa 比湿 | | |
| | 700 hPa 比湿 | | |
| 水汽条件(相对湿度) | 地面 $T-T_d$ | | |
| | 850 hPa $T-T_d$ | | |
| | 700 hPa $T-T_d$ | | |
| | 500 hPa $T-T_d$ | | |
| 不稳定条件 | CAPE(根据探空显示软件) | | |
| | 基于 CAPE 计算的上升运动(除以 2) | | |
| | CIN(根据探空显示软件) | | |
| | 其他表示不稳定的参数(任选 1 个) | | |
| 温度直减率 | $T_{850}-T_{500}$ | | |
| | $T_{700}-T_{500}$ | | |
| 垂直风切变 | 0~6 km | | |
| | 0~3 km | | |
| | 0~1 km | | |
| 下沉气流 | DCAPE | | |
| | 基于 DCAPE 计算的下沉运动(除以 2) | | |
| 特殊高度 | 抬升凝结高度 | | |
| | 0 ℃层高度(km) | | |
| | 湿球 0 ℃层高度(km) | | |
| | −20 ℃层高度(km) | | |

③根据订正后的探空特征及相关对流参数,结合第 6 章内容,说明商丘为什么会出现以雷暴大风为主的强对流天气。

# 第 5 章　对流温度在热力对流云分析预报中的应用

对流云的产生一般需要 3 个基本条件：水汽、不稳定层结和抬升条件。根据抬升机制的不同，对流云一般可以分为动力对流云和热力对流云。动力对流云主要由气旋、锋面、槽脊等天气系统的移动以及地形抬升等触发，一般强度大、生命史长、天气系统相对明显，可以综合利用雷达、探空、天气图资料等进行预报。而热力对流云多属于局地对流云，时空尺度小，辐射增温是其主要触发机制。有时候热力对流会造成短时雨量较强的热对流降水。例如，2013 年 8 月 16 日 16—17 时，在第二届亚洲青年运动会开幕当天，在南京开幕式主场馆附近突发了局地热对流天气，仅 20 min 就有超过 20 mm 的降水，对开幕式造成了一定影响。但数值预报对这种降水的预报能力很弱，而如果依赖短时临近监测，预报时效又难以满足实际预报服务的需求。

局地热力对流云的发展和演变有明显的日变化：在大陆上一般 09—10 时出现，之后逐渐增多、发展旺盛，15—16 时达到最强，傍晚逐渐消散。业务中，热对流的预报可以从以下几个方面着手（吴洪星 等，2010）：

①分析天气形势：热对流一般出现在均压场（如气旋后部或反气旋前部）或弱气压场中，以及有利于气流辐合的区域。

②分析天气实况：在同一天气形势下，如果邻近测站已经有少量对流云出现或者正处于发展中，那么本站未来也有可能出现对流云并发展。

③分析探空记录：着重分析大气稳定度及由于白天增温造成的稳定度变化，如果预计地面升温可以使得不稳定达到某种程度（通常是判断地面最高温度是否能达到或者接近对流温度），则预报有可能出现对流云。

这 3 种方法在业务中都得到了较为广泛的应用。在日常业务中，单站探空分析是预报热对流不可缺少的工具，其中，由于对流温度隐含了辐射日变化对对流生成的影响，对局地热对流的预报有一定的帮助。下面在阐明对流温度物理意义的基础上，通过实例说明如何在预报中应用对流温度来预报热对流（尤其是午后的热对流）。

## 5.1　对流温度和对流凝结高度的物理意义

如图 5.1 的示意图，在初始状态（一般为 08 时），地面温度和露点温度分别为 $T_0$ 和 $T_{d0}$，由此得到的抬升凝结高度、自由对流高度和平衡高度分别为 $LCL_0$、$LFC_0$ 和 $EL_0$，气块饱和后对应的湿绝热线为 $\theta_{se0}$。初始状态的对流抑制（CIN）和对流有效位能（CAPE）分别用灰色阴影区和斜线区所示，可见，初始状态时大气具有一定的不稳定能量，但是此时对流抑制能量非常大，不利于对流的发生。

日出后的 $t_1$ 时刻，太阳辐射加热使得地面很快增温并通过湍流输送热量加热贴地层空气,使近地面的气层变得超绝热。这种超绝热气层极不稳定,湍流混合的结果是使低层的垂直温度直减率趋于干绝热直减率(见图 5.1 中源自 $T_1$ 点的具有干绝热直减率的粗实线,这里假设湍流混合层以上的温度廓线不发生变化)。同时,湍流混合作用还使得大气低层的湿度趋近平均比湿。为简单起见,这条比湿线取为从地面露点温度($T_{d0}$)对应的等饱和比湿线(实际混合后等饱和比湿线值一般会更低一些)。$t_1$ 时刻对应的抬升凝结高度为 LCL$_1$,湿绝热线为 $\theta_{se1}$。随着地面温度的进一步升高,在边界层湍流混合作用下,$t_2$ 时刻贴近地面的干绝热气层向上扩展(见图 5.1 中源自 $T_2$ 点的具有干绝热直减率的粗实线)。抬升此时的地面气块,对应的抬升凝结高度为 LCL$_2$,湿绝热线为 $\theta_{se2}$。通过对比发现,随着地面温度的不断升高、近地面具有干绝热直减率的大气层结的增厚,低层的对流抑制能量也在不断地减小。当地面温度达到对流温度时(图 5.1 中 $T_c$ 位置),温度为 $T_c$ 的地面气块先沿干绝热线上升,当达到对流凝结高度 CCL、气块饱和后沿湿绝热线上升。如果湍流混合层足够深厚(达到对流凝结高度(CCL)),则 CCL 以下的环境温度直减率也等于干绝热直减率,所以在地面与 CCL 之间,气块在垂直方向所受的合力为 0。这样,地面气块受微小的扰动就能自由上升。到了 CCL 以上,气块受到正浮力作用。相比初始时刻的 CAPE(图 5.1 中斜线区),此时的 CAPE 明显增加,增加部分如图 5.1 中方格子阴影所示。

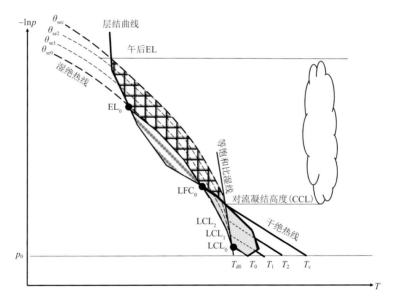

图 5.1　对流凝结高度(CCL)和对流温度($T_c$)示意图

($\theta_{se0}$ 为初始时刻地面气块上升后对应的湿绝热线,$\theta_{se1}$ 和 $\theta_{se2}$ 分别为地面温度升高为 $T_1$ 和 $T_2$ 后地面气块上升后对应的湿绝热线。$\theta_{sec}$ 为地面气块温度达到对流温度时对应的湿绝热线。图中 CCL 和午后 EL 为预测的午后热对流的云底和云高)

　　有时,当地面温度达到对流温度($T_c$)时,边界层的湍流混合并没有那么强,混合层也没有那么深厚,即不像前面所说 CCL 以下的环境温度直减率全部具有干绝热直减率,那么还能产生热对流吗? 从图 5.2 可以看到,如果地面温度迅速升高出现超绝热层结时(边界层里没有充分混合),地面到 CCL 之间就存在正的不稳定能量区,说明地面气块受向上的微小扰动后马上就受到向上的正浮力而加速上升,热对流还是能够发生的。

　　因此,对流温度($T_c$)是当地面受到太阳辐射加热作用后开始形成热力对流时的地面温度。它是一个地面临界温度。当午后地面温度上升到 $T_c$ 时,标志着地面空气受小扰动后能自由上升到该高度凝结,并继续沿湿绝热线上升,而无需外力抬升。对流凝结高度(CCL)到午后的平衡高度(EL)之间为积云厚度,CCL 为热对流的云底(图 5.1 和图 5.2)。

　　图 5.1 还表明,基于 08 时探空资料绘制的 $T\text{-}\ln p$ 图上,抬升凝结高度、对流凝结高度和自由对流高度三者的关系为:自由对流高度($LFC_0$)最高,对流凝结高度(CCL)次之,抬升凝结高度($LCL_0$)最低。

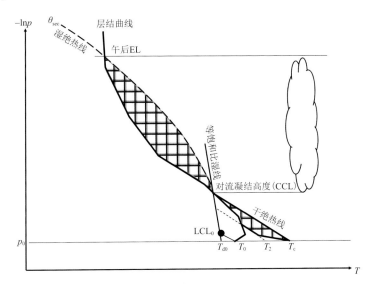

图 5.2　类似图 5.1,但是午后近地面出现了超绝热层

## 5.2　使用对流温度的注意事项

### 5.2.1　求算对流温度时隐含的条件

　　第 5.1 节介绍了对流温度和对流凝结高度的物理意义,具体的求算方法可参见第 1.3.3 节。实际上,在利用 $T\text{-}\ln p$ 图求算对流凝结高度和对流温度时,隐含了两个条件:一个是当地面气温受到太阳辐射升高影响时,地面露点温度不随时间发生变化或变化非常小。大部分情况下,在没有明显天气过程影响时(即在同一个气团控制下),地面气温具有明显的日变化,而露点温度的日变化不明显。另一个隐含条件是自由大气温度层结的日变化很小,这样地面露点温度对应的等饱和比湿线与温度层结曲线的交点——对流凝结高度的日变化也很小。如果上述两个条件不满足,用图 5.1 方法得到的对流温度就不适合做局地热对流的预报。

### 5.2.2　CCL 的求法

　　在用第 1.3.3 节的方法计算对流温度时,可以看到图 1.4 中的等饱和比湿线与温度层结曲线只有一个交点。但是,在真实大气环境下,有时候这样的交点不止一个。在求算 CCL 时,一定要选取高度最高的那个交点。有些软件自带的 CCL 算法中,选取的是高度最低的那个交点,这样计算出的对流温度并不准确,需要进行修正。下面通过图示说明。

图 5.3 中出现了过地面露点温度的等饱和比湿线与环境温度廓线有 $A,C,D$ 3 个交点的情况。出现多个交点,是因为对流层低层出现了逆温。如果只是取最低交点 $A$ 点作为 CCL,可以看到 $A$ 点到 $B$ 点之间有一小块正的不稳定能量区,而 $B$ 点到 $E$ 点之间却出现了较大的负能量区。气块无法突破 $B$ 点,也无法获得 LFC($E$ 点)以上的正不稳定能量,因此,热对流难以发展。此时修正前 CCL 对应的对流温度 $T_{c1}$ 也就失去了作为对流温度的意义。同理,如果将 CCL 取在第二个交点 $C$ 点,情况与取在 $A$ 点类似,气块无法克服 $C$ 点之上的对流抑制而获得正不稳定能量。相反地,如果取 3 个交点中的最高点 $D$ 作为 CCL,则能保证 $D$ 点之下没有对流抑制能量(若 $D$ 点以下存在超绝热层结,甚至可能有正不稳定能量,类似图 5.2),这时热对流可以顺利发展。因此,当低层存在逆温,使得温度层结曲线与过地面露点温度的等饱和比湿线有多个交点时,取最上层的交点为 CCL 才是正确的取法,其相应的地面对流温度才是有物理意义的。

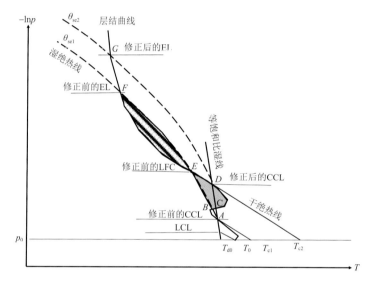

图 5.3 对流凝结高度(CCL)和对流温度($T_c$)修正示意图

(温度层结曲线与过地面露点温度 $T_{d0}$ 的等饱和比湿线有 3 个交点,分别为 $A,C,D$。图中修正前的 CCL 位于 $A$ 点,对流温度为 $T_{c1}$,EL 位于 $F$ 点。修正后,CCL 位于 $D$ 点,对流温度为 $T_{c2}$,EL 位于 $G$ 点。灰色阴影区和斜条阴影区分别为修正前的对流抑制能量和对流有效位能)

## 5.3 对流温度的应用举例

### 5.3.1 预报夏季局地热力对流云

夏季午后常会出现由于地面受热不均产生的热对流,甚至能发展成热雷雨。利用 $T\text{-}\ln p$ 图,根据当天最高温度的预报,如果预报的白天最高气温高于或接近对流温度,则当天就可能出现局地对流天气,这种情况在夏天的午后较易出现。

李耀东等(2014)分析了 1999 年 8 月 23 日北京南苑机场发生的局地对流云过程。当天北京位于弱高压的边缘,且形势较为稳定(图 5.4)。实测的资料表明气温日较差大,05 时最低气温为 19.6 ℃,13 时最高气温为 29.4 ℃。其中,08 时探空资料的地面气温为 21.7 ℃,露点温度为 17.8 ℃。根据北京站(54511)探空资料计算得到的对流温度为 27.7 ℃,对流凝结高度为 1254 m(图 5.5)。

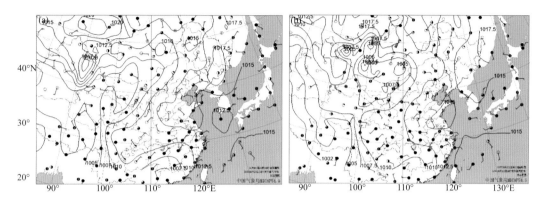

图 5.4    1999 年 8 月 23 日 08 时(a)和 20 时(b)海平面气压及地面风场

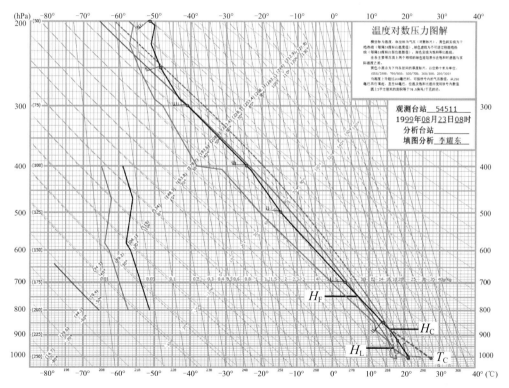

图 5.5 基于 1999 年 8 月 23 日 08 时北京站探空资料绘制的 $T\text{-}\ln p$ 图(李耀东 等,2014)
(图中 $H_c$ 为对流凝结高度,标注 $T_c$ 位置对应的温度为对流温度)

机场实况记录表明,12—18 时南苑机场出现了对流云的生消演变。实测 12 时地面气温为 27.1 ℃,与计算的对流温度差为 0.6 ℃。12 时开始出现对流云(5 成的淡积云),云底高度为 1200 m,与计算的对流凝结高度十分接近。下午地面气温升高,13 时达到最高

（29.4 ℃）。16 时对流发展到最强盛（8 成的浓积云）。之后，随着地面气温的下降，对流云减弱消失。

可见，对流温度和对流凝结高度对于局地热对流的预报有很好的指示意义。但必须指出，这里介绍的方法只是使用早上的层结曲线对局地热对流的预测，而且假设空气湿度不变，实际预报时，还应对当天以及前几天的天气状况及其演变做具体分析。

### 5.3.2　计算临近局地热对流发生时的 CAPE

对于产生午后局地热对流的情况，如果直接根据 08 时探空资料计算 CAPE，由于早上的地面温度较低，往往求得的 CAPE 偏小，不能反映临近热对流发生时的 CAPE。可以将 08 时探空资料的起始温度取为对流温度后，再求 CAPE，在图 5.1 中即为对流凝结高度（CCL）与午后 EL 之间，环境温度廓线与气块状态曲线（$\theta_{sec}$）之间所围面积。相比 08 时的 CAPE，午后的 CAPE 明显增加。这样的求法前提是假设露点温度的日变化不明显。

### 5.3.3　预报副热带高压控制下的热对流降水

每年梅雨期过后，长江中下游地区位于副热带高压（简称"副高"）控制之下，多晴热天气。但很多观测表明，副高控制区域还常常出现由于热对流引发的热对流降水。基于 2004—2013 年每年 7—8 月的观测资料，束宇等（2015）统计发现，南京站出现副高控制下热对流降水的气候平均概率为 1/6，即平均 6 d 就出现 1 次。该地区热对流降水的基本特征如下：①主要出现在每日 13—18 时，平均持续时间约为 50 min，平均降水量为 7.8 mm。②出现热对流降水时，平均日最高气温为 34.5 ℃，最低日最高气温为 29.9 ℃。通过检验对流温度在热对流降水中的效果后发现：①南京热对流降水发生概率基本随着日最高温度（$T_{max}$）和对流温度（$T_c$）之差的增大而增大，但当 $T_{max}-T_c>1.5$ ℃时，概率又有所减小。当 $T_{max}-T_c$ 介于 0.5 和 1.5 ℃之间时，发生热对流降水的概率最大，达到了 40%。当 $T_{max}-T_c<-0.5$ ℃时，发生概率低于平均概率。②对于南京地区而言，副高控制时，$T_{max}-T_c>-3.5$ ℃是热对流降水出现的一个必要条件，而日最高气温 $T_{max}$ 高于 30 ℃是另一个必要条件。

针对南京地区的研究表明，尽管利用 $T_c$ 来预报副高控制区的局地热对流降水有一定的作用，但是准确率还是偏低。主要是因为对流降水是多种因素综合作用的结果，不仅需要考虑地面温度能否满足热对流发生的启动条件，还需要考虑不稳定能量的大小、水汽条件等。当地面温度满足了热对流启动条件时，由于不稳定能量较小或者水汽条件不充分，虽然能够形成对流云，但是由于对流发展不旺盛，形成的降水无法达到地面，因而只有对流云而没有热对流降水。

# 第 6 章　*T*-ln*p* 图在强对流天气分析和预报中的应用

深厚湿对流(参见附录 C)在天气和气候中起着非常重要的作用。中纬度地区的许多强对流天气往往与有组织的深厚湿对流有关,但不是所有的对流天气都可以被称为强对流天气(如阵雨、一般的雷阵雨)。我国强对流天气的暂行规定是:瞬时风速为 17 m/s 以上的直线型雷暴大风、落在地面上直径超过 2 cm 的冰雹、陆地上发生的所有级别的龙卷以及 1 h 20 mm 以上的短时强降水(俞小鼎 等,2020)。预报强对流天气时需要对中尺度环境场和中尺度过程进行细致分析。在对流发生前,主要通过天气图分析、物理量诊断、*T*-ln*p* 图分析等多方面来判断环境场是否有利于对流的发生(包括实况和数值预报资料分析)。如果对流已经发生,那么更多的是基于新一代天气雷达资料、卫星云图资料等的实时监测,对风暴的组织结构、生消演变等进行分析。

## 6.1　大冰雹

### 6.1.1　有利于产生强冰雹的环境条件

在满足雷暴三要素(参见附录 C2)的基础上,预报强冰雹(直径为 2 cm 以上)的潜势主要从下面 3 个方面考虑:

①较大的 CAPE。因为大冰雹的形成和增长过程与上升气流的速度大小有关,只有持续时间较长的较强上升气流,冰雹才可能长大。CAPE 较大,表明上升气流较强。由于 $-30 \sim -10\ ℃$ 是冰雹最有效增长区,因此,美国分析的是 $-30 \sim -10\ ℃$ 的 CAPE。

②较强的深层垂直风切变。强的垂直风切变有利于将水平涡度转换为垂直涡度,使上升气流维持较长的时间。通常用 0~6 km 的垂直风切变来衡量,在暖季低海拔地区如果其值超过 12 m/s,属于中等以上强度,超过 20 m/s,属于强切变。

③适宜的冰雹融化层高度(注意:此高度是距地高度而不是绝对高度)。如果此高度太高,那么冰雹降到融化层以下会融化,到地面可能融化掉大部分或者全部融化,从而形成不了大冰雹。建议使用湿球温度 0 ℃ 高度(Wet Bulb Zero,WBZ)进行融化层高度分析(俞小鼎,2014)。中国低海拔地区强冰雹对应的 WBZ 绝大多数在 2.0~4.5 km(俞小鼎 等,2020)。

上述 3 个关键条件都可以从实况 *T*-ln*p* 图中判断,根据 08 时探空,可以估计午后强冰雹的潜势,如果边界层的日变化和平流过程明显,需对 08 时探空加以订正。此外,也可参考数值预报模式结果。

### 6.1.2 举例：2006 年 4 月 3 日安徽强冰雹

2006 年 4 月 3 日下午到夜里，安徽省淮北地区的亳州、阜阳有 40 多个乡(镇)遭受风雹灾害(图 6.1)，一些乡(镇)的蔬菜大棚、麦田、树木、输电线路受损、房屋倒塌，造成各项直接经济损失超过 4000 万元。冰雹直径一般在 1～2 cm，灾情较重的蒙城坛城镇冰雹直径达 3～7 cm，遭受冰雹袭击持续 8～10 min，还有阜南黄冈镇冰雹直径有鸡蛋大小，麦田小麦成片被击倒。3 日 08 时，阜阳探空显示 CAPE 为 0，0～6 km 垂直风切变约为 21 m/s，WBZ 距地高度约为 3.5 km(图 6.2a)，除了 CAPE 条件不满足，后两个条件符合强冰雹产生的条件。注意：冰雹发生在傍晚时分，08 时的探空在午后可能会发生变化。从天气形势分析来看，低层暖湿平流明显，可以定性判断午后不稳定会加强。以阜南地区为例，由于 3 日 14 时后阜南的温度和露点温度较 08 时都有明显升高，分别为 30 ℃和 20 ℃，以此数据订正阜阳 08 时的探空后，CAPE 为 2212 J/kg(图 6.2b)。

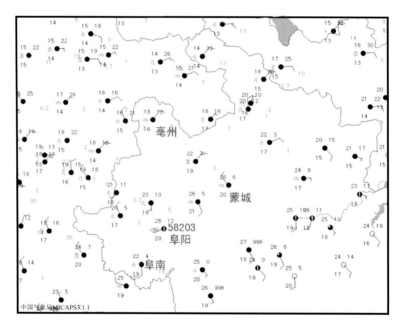

图 6.1 2006 年 4 月 3 日 20 时地面填图及部分冰雹发生点位置

## 6.2 雷暴大风

弱的垂直风切变或者较强垂直风切变都有可能产生雷暴大风。在预报时，除了雷暴产生需要的三要素，还要关注有利于强烈下沉气流的条件。

### 6.2.1 弱垂直风切变下的雷暴大风

弱垂直风切变下的雷暴大风主要是脉冲风暴产生的微下击暴流，在地面产生 17 m/s 以上瞬时风的强烈下沉运动，水平辐散尺度小于 4 km，持续时间为 2～10 min，包括干微下击暴流和湿微下击暴流。

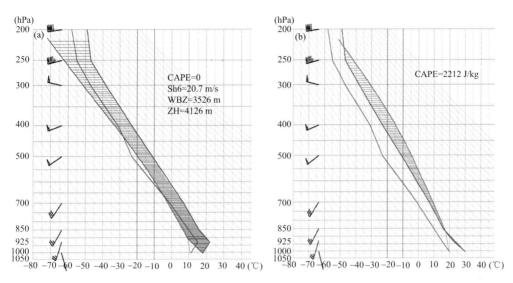

图 6.2　2006 年 4 月 3 日探空图

(a)08 时阜阳站,(b)基于 14 时阜南地面温度、露点温度订正 08 时探空

(图中的蓝色加粗曲线为温度廓线,红色加粗曲线为露点温度廓线,桃红色加粗曲线为

状态曲线,图中 Sh6 为 0～6 km 垂直风切变,WBZ 为湿球温度 0 ℃高度,ZH 为 0 ℃层高度)

#### 6.2.1.1　有利于产生干微下击暴流的环境条件

干微下击暴流指强风阶段不伴随(或很少)降水的微下击暴流,多见于干旱、半干旱地区,主要由浅薄的、云底较高的积雨云发展而来。基于对美国高原地区干微下击暴流的研究,Wakimoto(1985)发现有利于高原上干微下击暴流产生的探空特征(图 6.3)包括:早晨的探空中,近地面有非常浅薄的辐射逆温(40～50 hPa 厚),其上是深厚的干绝热递减率层(能伸展至500 hPa),湿层出现在中层;到了傍晚,近地面辐射逆温被超绝热层取代,云下层平均混合比为3～5 g/kg,当天的最高温度需要达到对流温度。

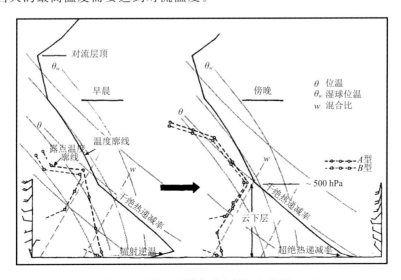

图 6.3　有利于高原上干微下击暴流形成的探空特征(Wakimoto,1985)

在 *T*-ln*p* 图上,干微下击暴流的云底高度很高(LFC 高);由于对流通常很弱,不稳定度(CAPE)很小;与干微下击暴流有关的下沉气流是由云内降雨(不及地)拖曳产生,由云底降水的蒸发、融化和升华所产生的负浮力导致地面强风的产生,反映在 *T*-ln*p* 图上为中层要有一定的湿层和云下深厚的干绝热层,以维持下沉气流到达地面。下沉运动的大小可用 DCAPE 衡量。关于干微下击暴流的预报,由于其天气尺度强迫弱,主要基于早晨探空和对白天加热的预期。

#### 6.2.1.2　举例:2009 年 9 月 20 日西藏那曲干微下击暴流

2009 年 9 月 20 日傍晚西藏那曲附近出现了干微下击暴流,20 日 20 时那曲的探空如图 6.4 所示,图上显示 400 hPa 附近存在湿层,其下为深厚的接近干绝热的温度层结(低层存在超绝热递减率),比湿在 2～3 g/kg,温度湿度廓线呈现倒"V"型。气块若从最小湿球位温高度(419 hPa)作为起始点下沉,可以得到较大的 DCAPE。

图 6.4 的湿层高度比图 6.3 的高,而云下层平均比湿比 Wakimoto(1985)统计的值低,主要是由于 Wakimoto(1985)统计的是美国科罗拉多州丹佛市的探空特征(地面高度约 800 hPa),而那曲的海拔高度更高。

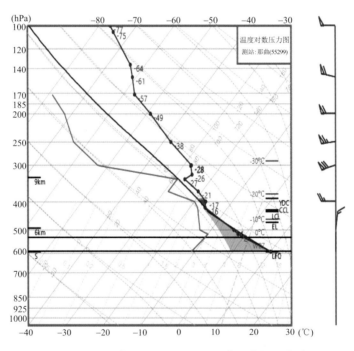

图 6.4　2009 年 9 月 20 日 20 时西藏那曲探空曲线
(绿色阴影表示 DCAPE,从最小湿球位温层开始)

#### 6.2.1.3　有利于产生湿微下击暴流的环境条件

湿微下击暴流指伴有大雨的下击暴流(冰雹可以伴随,也可以不伴随),多见于湿润地区。其环境通常具有弱天气尺度强迫和强垂直不稳定的特点。往往产生于较湿边界层和较浅薄的云下层环境中。其典型大气层结与干微下击暴流明显不同(图 6.5):前期不存在逆温,LFC 高度较低,高空气层相对干,由于下午加热使得低层常存在干绝热层(地面至 1.5 km)。湿微下击暴流与强降水联系,水载物对下沉气流的激发和维持起重要作用,即云内和云底下方冰晶或水滴的融化和蒸发冷却驱动并维持负浮力,导致地面强风的产生。

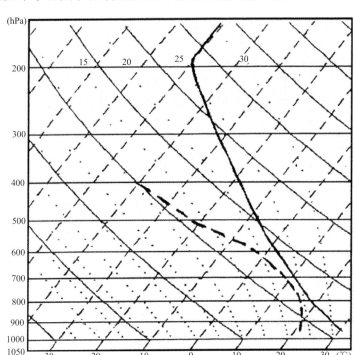

图 6.5　有利于湿微下击暴流发生的典型大气层结

#### 6.2.1.4　举例:2003 年 7 月 20 日山东湿微下击暴流

2003 年 7 月 20 日 18 时到 20 时 30 分,受东北冷涡的影响,山东的济阳、邹平、章丘 3 个县遭受暴雨、冰雹和狂风的袭击,降雹持续约 10 min,冰雹最大直径为 30 mm 左右,最大风力达 10 级以上,分析证明破坏性大风为湿微下击暴流。从距离较近的济南探空可以分析强对流天气发生前的层结特征。从图 6.6a 可以看到,0～6 km 垂直风切变为 11 m/s,本次微下击暴流

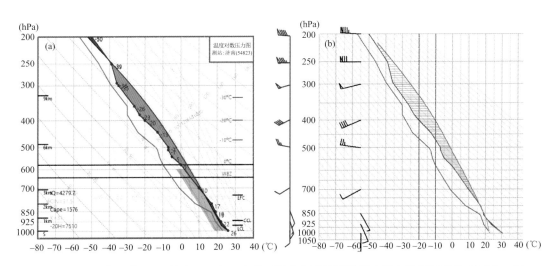

图 6.6　2003 年 7 月 20 日济南 08 时(a)和基于济南午后地面温度和露点温度订正的(b)*T*-ln*p* 图

产生前,环境不存在逆温,抬升凝结高度较低,800～400 hPa 为干层。08 时 CAPE 约为 1500 J/kg。如果根据济南午后的温度(31 ℃)和露点温度(23 ℃)来订正早上探空,则 CAPE 增大为 2427 J/kg,并且午后加热使得低层温度廓线接近干绝热(图 6.6b)。

6.2.1.5 举例:2007 年 8 月 3 日上海湿微下击暴流

2007 年 8 月 3 日,上海出现了一次由脉冲风暴造成的强对流天气过程(陶岚 等,2009)。16 时 07 分左右,一个脉冲风暴在前期雷暴的强冷出流与原边界层辐合线的碰撞触发下新生,并强烈发展,16 时 40 分左右致使上海国际赛车场 6 号弯 D2、D3、D4、D5 号 4 个临时看台与上万个座椅被连根拔起后吹到 20 m 外的 F1 赛道上,D 区没有被吹倒的看台 D1 也有一定损坏,出现 10 cm 左右的整体位移(根据事后灾情调查报道)。设置在 F1 赛场的自动气象站观测显示:16 时 37 分和 38 分的风速分别达到了 20 m/s 和 22.2 m/s,16 时 37 分出现了 40.6 m/s 的强阵风。

天气形势分析表明:2007 年 8 月 3 日 08 时 500 hPa 高空图上,0705 号台风"天兔"向北移动至日本海南部,且强度明显减弱。副热带高压较前日西伸加强,长江三角洲地区处在副热带高压边缘、110°E 低槽槽前,以西到西南风为主(图 6.7a)。700 hPa 和 850 hPa 上,江淮地区有明显切变线发展,上海地区处在切变线南侧西南气流中,有较强的水汽输送(图 6.7b,

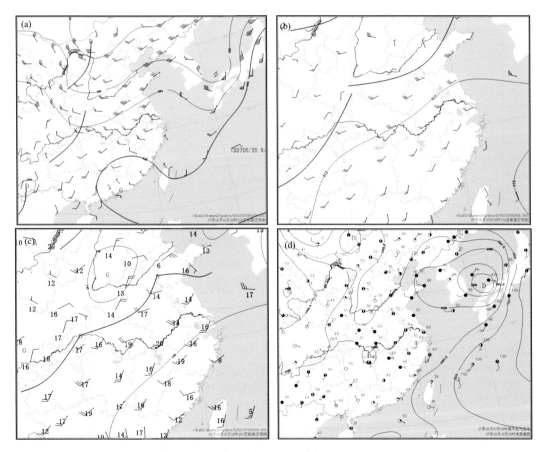

图 6.7 2007 年 8 月 3 日 08 时高空和地面形势
(a)500 hPa;(b)700 hPa;(c)850 hPa(填露点温度);(d)地面图(填海平面气压)

c)。08 时 700 hPa、925 hPa 和 1000 hPa 24 h 变温场显示，中低空有冷空气从北方向长三角地区扩散(图略)。这样的大尺度天气条件有利于雷暴的发生。08 时，在 500hPa 低槽前、副热带高压的边缘，低层高温高湿，高层有冷空气侵入，同时低空位于切变线附近，在湖北东部、湖南和江西北部有雷暴发生(图略)。

从地面图上可以看到，上海处在均压场内(图 6.7d)，早上上海有轻雾，温度普遍在 30 ℃以下。从宝山 08 时探空可以分析强对流天气发生前的层结特征(图 6.8a)。地面温度为30 ℃，露点温度为 25 ℃，中低层湿度条件较好，LFC 为 793 hPa，CAPE 为 2319 J/kg。午后气温迅速上升，14 时地面温度和露点温度分别升高为 33 ℃和 28 ℃，LFC 为 855 hPa，CAPE 为4988 J/kg，近地面接近干绝热递减率(图 6.8b)。可见午后的水汽条件、不稳定条件均比早上更为有利。

根据系统的外推以及参考数值预报，未来切变线将向东南压。在当天有利的大尺度天气背景条件下，存在高的对流潜在能量和丰富的水汽条件，在辐合抬升条件(如低层的辐合或切变)较好的地区容易出现对流。上海自动站网的中尺度分析表明，在 10 时 30 分左右，上海北部宝山和嘉定交界处有东北风和东南风的切变存在，这是上海城市热岛和海风锋产生的边界线，由于热岛加热的增强，海风锋略有西进、南压；14 时 24 分开始，青浦和闵行交界处也有明显的辐合区存在；15 时 06 分开始，金山与青浦交界附近有东北偏北—西南偏南向切变存在(图 6.9)。雷达监测也发现这些边界线的存在，在 0.5°仰角反射率因子图上均对应有弱窄带回波显示，且北部海风锋略有西进、南压，后与辐合区回波碰撞、相连(图略)。

由于较弱的环境风垂直切变(08 时 0~6 km 垂直风切变为 6 m/s，14 时 0~6 km 垂直风切变为 7.6 m/s)，使得当天的对流风暴以脉冲风暴为主。风暴过后，可以看到 *T*-ln*p* 图显示CAPE 接近 0，能量释放(图 6.8c)。

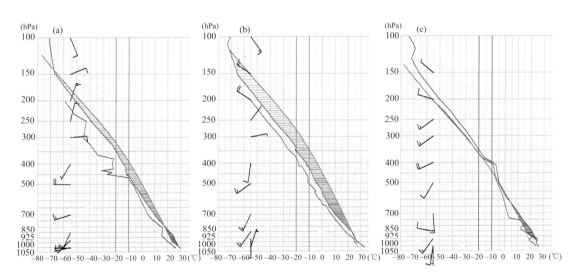

图 6.8　2007 年 8 月 3 日上海宝山站的实况探空
(a)08 时；(b)14 时；(c)20 时

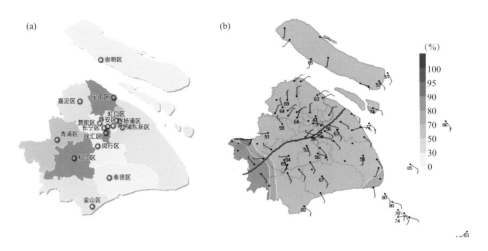

图 6.9　上海行政区划(a)和 2007 年 8 月 3 日 15 时 18 分自动站风场和相对湿度分布(b)
(图 b 中的红色实线表示地面辐合线的大致位置)

### 6.2.2　中等到强垂直风切变下的雷暴大风

#### 6.2.2.1　有利于产生雷暴大风的环境条件

在强垂直风切变下,产生雷暴大风的对流风暴种类很多,尺度变化也很大,飑线、多单体风暴、超级单体风暴以及其他对流系统都有可能产生。有利于强烈下沉运动产生的有利环境条件(俞小鼎 等,2020)包括:①对流层中层(700～400 hPa)往往有明显的干层,700～400 hPa 平均温度露点差不小于 6 ℃,或其间的单层最大温度露点差不小于 10 ℃;②对流层中下层温度直减率较大,850～500 hPa 温差不小于 24 ℃。注意上述参考值只适合海拔高度 1000 m 以下的低海拔地区,并且也只是参考值。

弓形回波是产生地面非龙卷风害的典型回波结构。研究表明显著的弓形回波往往出现大的层结不稳定(如 CAPE 超过 2000 J/kg)和中等到强的垂直风切变(地面至 2.5 km 或 5 km 处至少有 15～20 m/s 的风切变)。

可以通过 DCAPE 直接估算下沉速度(见第 3.2.1.2 节),但要注意,DCAPE 的计算值对起始下沉高度很敏感,基于不同软件或者不同起始高度得到的 DCAPE 差异很大(俞小鼎等,2020),所以由此估算的下沉速度也有很大不同,只能作为参考。

#### 6.2.2.2　举例:2010 年 5 月 5 日重庆雷暴大风

2010 年 5 月 5 日夜间至 6 日早晨,重庆出现了强风雹和暴雨,其中垫江县 6 日 00 时 48 分出现了 11 级大风(沙坪镇的风速达 31.2 m/s),梁平县回龙镇 6 日 02 时出现了 11 级的大风(风速为 30 m/s),并伴有冰雹;18 个乡(镇)出现了大暴雨,85 个乡(镇)出现了暴雨。共 28 人死亡,1 人失踪,约 174 人受伤,4822 间房屋坍塌。5 月 6 日 01 时,在重庆市中部地区垫江县多个自动站出现 8 级大风,02 时强风中心向北移动,垫江县和梁平县交界处两站最大风速超过 30 m/s(图 6.10)。

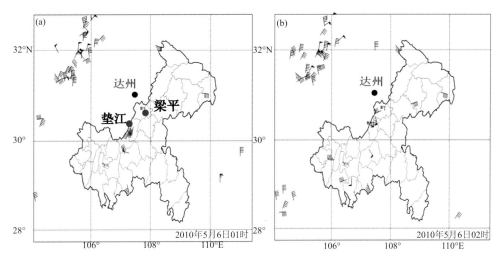

图 6.10　2010 年 5 月 6 日重庆地区自动站每小时极大风速

(a)01 时；(b)02 时

(黑色实心点为达州探空站位置)

　　距离风灾最近的探空站是四川达州站,从风暴发生前 20 时的探空(图 6.11)可以看到:对流有效位能约为 2400 J/kg;垂直风切变较强(0~6 km 的风切变约为 15 m/s);中高层很干,700~400 hPa 最大的温度露点差有 34 ℃,平均温度露点差约为 20 ℃;850~500 hPa 温差为 25 ℃;低层温度露点差较大,但 850 hPa 及其以下的比湿超过 12 g/kg。注意:这种"上干下湿"的层结特征有利于雷暴大风、冰雹等风暴产生,这里的"下湿",主要是指绝对湿度较大,相对湿度不一定大。根据该探空计算的 DCAPE 约为 475 J/kg,估算的下沉速度为 15.4 m/s,该数值接近雷暴大风的阈值(17 m/s)。

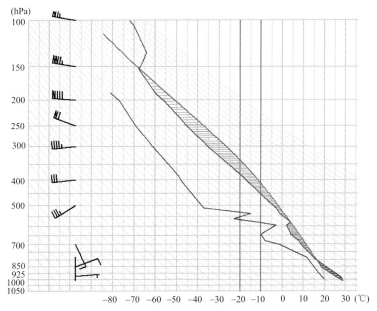

图 6.11　2010 年 5 月 5 日 20 时四川达州站的 $T$-$\ln p$ 图

6.2.2.3 举例:2020 年 6 月 1 日山东强对流

2020 年 6 月 1 日 13 时 30 分,河北西南部形成的风暴向东移动并发展,15 时前后开始影响山东,济南、泰安、临沂等多地出现冰雹,短时强降水和 10 级雷暴大风。其中泰山站观测到 31 mm 的冰雹,济南市观测到 20 mm 以上的冰雹。其中影响济南主要是在 17 时 01—24 分。

6 月 1 日 08 时章丘站 *T*-ln*p* 图(图 6.12)显示,基于地面抬升气块得到的 CAPE 为 0;700 hPa 附近为湿层(温度露点差小,最大比湿约为 8 g/kg),而 700 hPa 以上和以下很干(600 hPa 和 925 hPa 温度露点差分别为 22 ℃和 27 ℃),低层的比湿低于 6 g/kg;0～6 km 垂直风切变为 22 m/s。虽然早上的 CAPE 为 0,但是该站的温湿廓线呈现出"X"型,加上非常大的垂直风切变,是容易出现风雹天气的典型探空(孙继松 等,2014)。

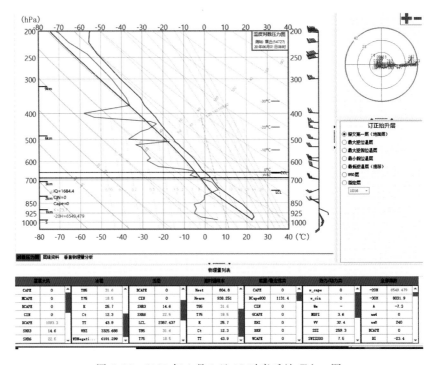

图 6.12  2020 年 6 月 1 日 08 时章丘站 *T*-ln*p* 图

进一步根据第 4 章介绍的探空订正方法,可以利用济南午后的温度和露点温度来订正章丘 08 时的探空。济南 08 时的温度和露点温度分别为 26 ℃和 3 ℃,而午后的温度和露点温度都明显升高,其中 14 时温度和露点温度分别升至 30 ℃和 13 ℃。订正后的 CAPE 为 1123 J/kg(图 6.13),同时由于湿球零度高度约为 3.3 km,垂直风切变大,这样的环境条件有利于冰雹的发生。而由探空资料分析显示系统计算的 DCAPE 为 523.07 J/kg(图 6.13),估算的下沉速度约为16.2 m/s。而由 MICAPS 计算的 DCAPE 为 1093.3 J/kg(图 6.12),估算的下沉速度约为 23.4 m/s,该数值远超过雷暴大风的阈值(17 m/s)。

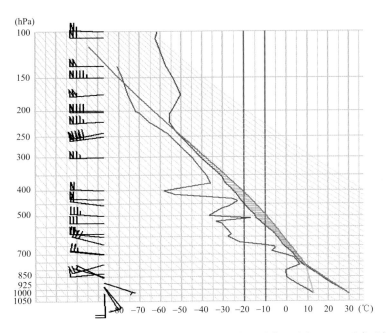

图 6.13　基于 2020 年 6 月 1 日 14 时济南地面温度和露点温度订正 08 时章丘探空

## 6.3　龙卷

### 6.3.1　有利于产生龙卷的环境条件

龙卷可以产生于超级单体,也可以产生于非超级单体。对于超级单体龙卷,除了满足雷暴三要素,其环境条件需要满足以下几个方面(俞小鼎 等,2020):①CAPE 非常大,通常超过 1000 J/kg;②垂直风切变强,0～6 km 风矢量差在 15 m/s 以上,最好超过 20 m/s。根据统计发现,大部分超级单体龙卷过程对应的 0～1 km 超过 12 m/s;③抬升凝结高度(LCL)低(因为要求边界层几百米内高湿,如果 LCL 高于 1200 m,形成龙卷的概率很低)。

### 6.3.2　举例:2005 年 7 月 30 日淮北龙卷

2005 年 7 月 30 日在淮北地区宿州市境内的灵璧县、泗县相继出现了强龙卷和强降水,龙卷发生时间在 7 月 30 日 11 时 20—50 分,主要为风灾。灵璧周边的探空站有徐州、南京、阜阳(图 6.14a)。由于徐州站 30 日凌晨已出现雷暴,因此,30 日 08 时徐州站的 CAPE 为 0(图 6.14b),说明能量已经消耗,但第 6.3.1 节中提到的②③两个环境条件依然有所反映,LCL 为 545 m,根据徐州 11 时的 VAD 风廓线得到 0.3～1.2 km 风切变为 12 m/s(俞小鼎 等,2008),具有较强的垂直风切变。南京站和阜阳站 08 时对应的 CAPE 分别为 3504 J/kg 和 1274 J/kg,LCL 分别为 272 m 和 274 m,反映了较大的 CAPE 和较低的 LCL(图 6.14c,d)。

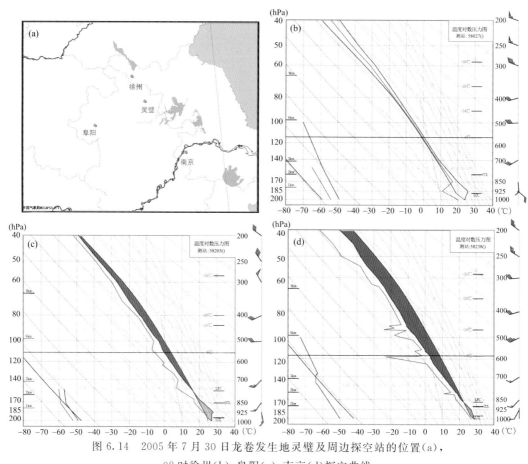

图 6.14　2005 年 7 月 30 日龙卷发生地灵璧及周边探空站的位置(a)，
08 时徐州(b)，阜阳(c)，南京(d)探空曲线

## 6.4　短时强降水

### 6.4.1　有利于产生短时强降水的环境条件

要产生短时强降水，其环境条件仍然首先需要满足雷暴三要素。与冰雹、雷暴大风的环境条件相比，产生短时强降水的环境(这里主要指纯粹短时强降水天气)有以下特征(樊李苗 等，2013)：CAPE 相对弱一些，平均值在 1000 J/kg 左右，CAPE 在 *T*-ln*p* 图上常常呈现瘦长型；700～500 hPa 和 850～500 hPa 温差较小；一般整层大气比较湿润，湿层内的相对湿度和绝对湿度都较高，地面以及地面以上 1.5 km 处露点温度高，温度露点差小；抬升凝结高度和自由对流高度比较低，0 ℃层和 −20 ℃高度以及平衡层高度明显较高；垂直风切变较弱，而且通常风向从低层到中层没有明显的变化，比如一致的西南风或偏西风，表明在较深厚的层次里面存在强的水汽输送，有利于强降水的产生。

统计研究表明，混合型强天气(除了短时强降水，还有其他类型的强对流天气)与雷暴大风型和强冰雹型天气在 *T*-ln*p* 图温湿曲线形态、CAPE、0～6 km 垂直风切变等方面的特征相似，但在平衡层高度、地面露点温度、1.5 km 高度露点温度以及 850～500 hPa 温差等方面与

**62**

纯粹短时强降水更为接近(樊李苗 等,2013)。

### 6.4.2　举例:2007 年 7 月 8 日安徽短时强降水

2007 年 7 月 8 日安徽省沿淮淮西地区出现了大暴雨。主要强降水时段在 8 日 02—20 时。其中最大降雨中心在临泉县迎仙镇,日雨量为 518 mm,最大雨强在 8 日 09—10 时,达到 88.7 mm,强降雨持续时段为 8 日 05—14 时。另一强降水站点为汤店,强降水时段在 8 日 08—19 时,最大雨强在 11—12 时,为 80.3 mm。阜阳最大雨强在 07—08 时,为 41.5 mm,另一强降水时段在 10—12 时,降水强度都大于 20 mm/h。

7 日 20 时阜阳站的 *T*-ln*p* 图及计算的对流参数反映了有利于短时强降水发生的环境特征:CAPE 不到 300 J/kg;850 hPa 到地面的比湿均大于 14 g/kg,地面露点温度为 24 ℃,地面至 500 hPa 之间的相对湿度大(温度露点差小于 4 ℃),整层可降水量为 6.5 cm;湿球 0 ℃层高度高,约 5 km;0～6 km 的垂直风切变为 17 m/s,从底层到高层为一致的偏西风,没有明显的风向变化(图 6.15)。

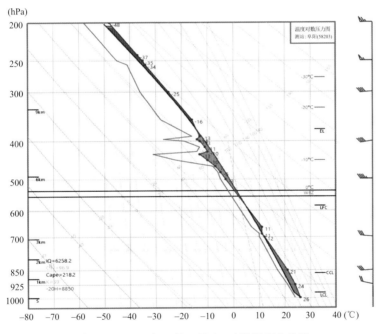

图 6.15　2007 年 7 月 7 日 20 时阜阳探空曲线

### 6.4.3　举例:2017 年 6 月 6—7 日西藏昌都市短时强降水

昌都市位于西藏自治区东部,包括昌都市区(卡若区)和 10 个县(图 6.16a)。2017 年 7 月 6—9 日昌都市大部地区出现强降水天气,其中 6 日 20 时—8 日 20 时为强降水集中时段。降水过程造成昌都市 6 个县城站点的降水量超 40 mm(图 6.16b),其中,芒康为 70.6 mm;类乌齐为 58.3 mm;左贡为 46.9 mm;丁青为 45 mm;卡若区为 42.8 mm;贡觉为 41.3 mm。根据灾情报告,昌都市多地洪涝集中爆发,多条大江大河水位均出现在高位,部分河流水位超历史极值,昌都市主城区澜沧江实测水位为 10.53 m,超历史极值。

从 6 日 20 时天气图分析来看,昌都地区东北部 500 hPa 存在暖切变(图 6.16c),因此,昌都市大部分地区低层盛行西南或偏西气流,有较为充沛的水汽输送;高层位于高压脊线附近(图略),低层辐合、高层辐散,有利于上升运动。

6 日 14 时—7 日 08 时卡若区和芒康逐小时的降水量(图 6.16d)表明,6 日夜间至 7 日凌晨,这两个地区小时雨量接近或者超过了 5 mm/h,按照当地气象台的经验,小时雨量超过 5 mm,就认为是短时强降水。下面从昌都和巴塘站的探空来分析短时强降水产生的原因。

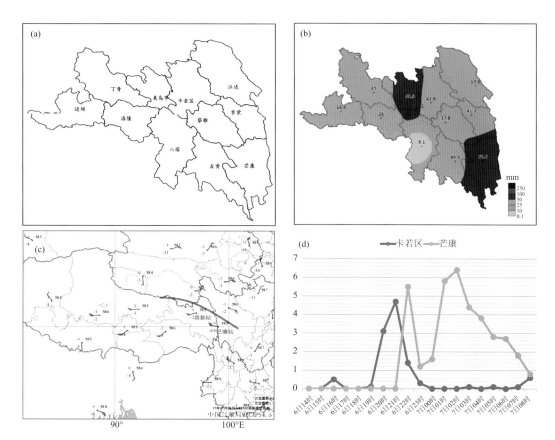

图 6.16　昌都市行政区划(a),2017 年 7 月 6—9 日累计降水量(b),2017 年 7 月 6 日 20 时500 hPa 切变线和两个探空站位置(c),卡若区和芒康两地 2017 年 7 月 6 日 14 时—7 日 08 时逐小时降水量(d)

6 日 20 时昌都站的 *T*-ln*p* 图(图 6.17a)显示这是比较典型的产生短时强降水的探空:CAPE 为 489 J/kg,呈细长型;昌都地面露点温度约为 12 ℃,地面比湿达 12 g/kg,地面至 500 hPa 的平均比湿约为 10 g/kg,整层的温度露点差比较小,相对湿度和绝对湿度都很高;整层以偏西风为主,垂直风切变不到 10 m/s。

巴塘站的海拔高度比昌都站略低,6 日 20 时巴塘站的水汽和能量条件比昌都站更好(图 6.17b):CAPE 也呈细长型,但数值超过了 1000 J/kg,达 1761 J/kg;地面露点温度为 17 ℃,地面比湿达 17 g/kg,地面至 500 hPa 的平均比湿约为 13 g/kg,整层的温度露点差小,因此,相对湿度和绝对湿度都很高;整层以偏西风为主,垂直风切变不到 10 m/s。

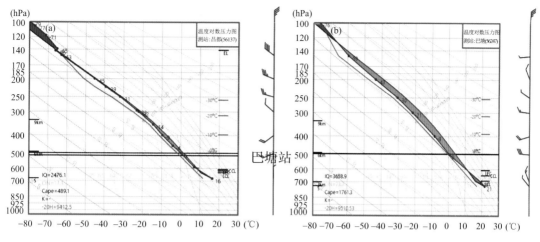

图 6.17　2017 年 7 月 6 日 20 时昌都站(a)和巴塘站(b)$T$-$\ln p$ 图

## 6.5　高架雷暴

### 6.5.1　高架雷暴的概念及其产生的环境条件

很多雷暴是地面雷暴,即由来自地面附近的上升气块触发。但也有一些雷暴是在边界层以上被触发,被称为高架雷暴(elevated storms)或高架对流(elevated convection)。高架雷暴往往发生在锋面靠冷空气一侧(冷锋后或者暖锋前),来自锋面暖湿一侧的暖湿空气,沿着锋面爬升 100 km 或者更远的水平距离,到锋面冷区冷垫之上,由高空(900～600 hPa)的中尺度辐合切变线或者高架锋面垂直环流所触发(俞小鼎 等,2012)。发生高架雷暴的层结特征如下:地面附近为稳定的冷空气(常称之为冷垫),之上有明显的逆温,逆温层之上往往是暖空气。

高架雷暴可以产生冰雹、雷暴大风和强降水等强烈天气,很少导致龙卷。我国的高架雷暴一般发生在春季和秋季,多数产生雷电和小冰雹或霰,有时伴有明显降水,少数情况下伴有很强烈的对流天气。比较剧烈的高架对流通常是由条件不稳定导致。下面是一个典型的由条件不稳定导致的华南高架对流个例。

### 6.5.2　举例:2012 年 2 月 27 日华南高架对流

2012 年 2 月 27 日白天,华南地区的广西东北部、湖南南部、江西南部、广东北部和福建西北部出现了大范围的雷暴和冰雹天气(图 6.18)。共有 55 站出现雷电,14 站出现冰雹(小于 8 mm)。雷暴区主要位于 850 hPa 切变线北侧,在地面冷锋后的冷区内,距离地面锋面为 300～400 km。

图 6.19 为 2012 年 2 月 27 日 08 时广西梧州和广西桂林的探空曲线。由此可见,两个探空低层都有明显的逆温层,其下是厚度约为 1 km 的冷垫。其中,梧州站的 925～850 hPa 为一个很强的逆温层(800 m 左右厚度),冷垫内温度在 5 ℃ 左右,而逆温层底和顶的温度分别为 0 ℃ 和 12 ℃ 左右。桂林站的 900～750 hPa 为一个较强的逆温层(1300 m 左右厚度),冷垫内

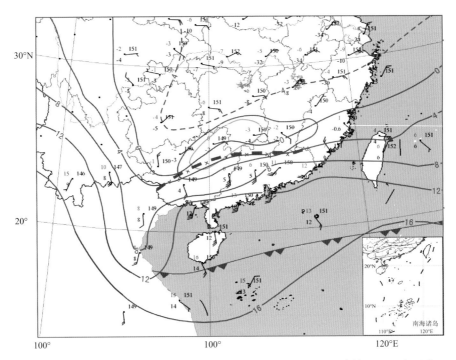

图 6.18  2012 年 2 月 27 日 08 时 850 hPa 天气图叠加 08 时地面冷锋和地面高压中心
（27 日 08—20 时发生的雷暴区和冰雹区分别由蓝色和橙色曲线包围）

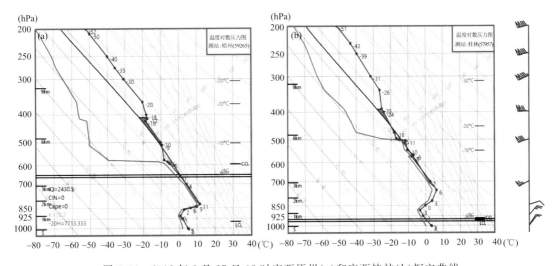

图 6.19  2012 年 2 月 27 日 08 时广西梧州(a)和广西桂林(b)探空曲线

温度在 3 ℃ 左右，而逆温层底和层顶的温度分别约为 −3 ℃ 和 8 ℃。两个探空均显示，当从地面抬升气块时，CAPE 为 0。但是从逆温层顶抬升气块时，*T-lnp* 图出现了正能量区，表明逆温层之上有明显的条件不稳定层结。计算得到梧州和桂林站的订正后 CAPE 分别为 93 J/kg 和 43 J/kg，由此估算出的最大上升运动为 5～7 m/s。由于最大上升运动不是很强，因此对流区产生的对流性天气不是很猛烈，只是雷电、很小的冰雹及强度不大的降水。

# 第 7 章　大气中的逆温及其在 $T\text{-}\ln p$ 图中的判别

通常,对流层大气的温度随高度升高而降低,但有时候在某些层次会出现气温不随高度变化或随高度升高反而增加的现象。气象上把温度不随高度变化的大气层称为等温层,而把温度随高度升高而增加的大气层称为逆温层。就热力学角度而言,等温层和逆温层都是稳定层,表示大气层结稳定。如果它们出现在地面附近,则会限制近地面气层强烈乱流的发生。如果它们形成于对流层某一高度之上,则会阻碍下方垂直运动的发展。由于逆温层对云雾、垂直运动发生发展以及其他天气现象影响较大,因此,本章对各种逆温层的形成过程及其特点进行讨论。

## 7.1　辐射逆温

辐射逆温(radiation inversion)是晴空的夜间由于地面、雪面或冰面、云顶等强烈的长波辐射冷却,使紧贴其上的气层与上层空气相比,有较大的降温而形成的。因此,辐射逆温通常从地面开始,逐渐向上发展形成逆温层。但如果是由于云顶或雾顶辐射造成的辐射逆温,逆温层就始于云顶或雾顶附近。

形成辐射逆温的有利条件是:晴朗(或少云)而有微风(2～3 m/s)的夜晚。因为云层向地面放射长波辐射,能够减弱地面的有效辐射,不利于地面冷却。当地面风太大时,大气中的垂直混合作用太强,不利于近地面气层的冷却;无风时,冷却作用又不能扩展到较高的气层中去,也不利于逆温层的加厚;只有在风速适当时,才能使逆温层既有相当的厚度又不至于因为湍流混合作用而遭到破坏。此外,还有其他一些因子影响辐射逆温的形成。比如,地表湿度、植被类型、地表类型(雪、沙地、草地等)。湿空气在辐射冷却过程中易发生凝结现象,如露,由于有潜热的释放,故不利于形成逆温。

表 7.1　影响辐射逆温形成的因子

| | 因子类别 | 有利因子 | 不利因子 |
| --- | --- | --- | --- |
| 主要因子 | 风速 | 微风 | 强风 |
| | 黑夜持续时间 | 长夜 | 短夜 |
| | 干湿特征 | 干空气 | 湿空气 |
| | 天空状况 | 晴空 | 有云 |

辐射逆温层的产生是有规律的,通常只在夜间形成,上午消失。下面以近地层的辐射逆温为例,说明辐射逆温的生消过程(图 7.1)。一般辐射逆温在日落前后自地面开始形成,地面因辐射冷却而降温,与地面接近的气层冷却降温最强烈,而上层的空气冷却降温缓慢。夜间随着

辐射冷却的加强,逆温层逐渐加厚,黎明前达到最大厚度(图 7.1c)。日出后随着太阳短波辐射不断加热,地面温度上升,逆温自下而上逐渐消失,在上午完全消失。逆温层的厚度可以从几十米到 300~400 m,其上下界面温度差一般只有几摄氏度,很少能够达到 10~15 ℃。这种逆温在中高纬度大陆都能发生,特别是沙漠地区经常出现。

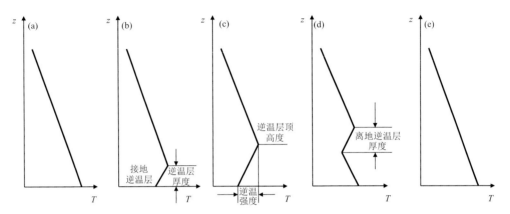

图 7.1　辐射逆温的生消过程示意图
(a)下午;(b)日落前 1 h;(c)夜间;(d)日出;(e)10 时

在冬季大陆冷高压控制的天气条件下,由于长时间的辐射冷却,地面和近地层的温度显著下降,可以形成白天也不消失的冬季辐射逆温。这种逆温层的厚度可以达到几百米到 2~3 km,其上下界的温度差可以达到 15~25 ℃,有时可以持续若干天不消失。

由于夜间云层顶部的辐射冷却作用比其上的空气强,所以,在贴近较厚云层的大气层中也可以形成辐射逆温,但是这种逆温通常厚度不大,上下界间的温差也很小。

在 *T*-ln*p* 图(图 7.2)中,典型辐射逆温的基本特征是逆温始于地面,地面经常是 $t = t_d$ 或 $t \approx t_d$,这是因为逆温层下界与下垫面接触,湿度较大;逆温层中温度廓线和露点温度廓线接近,$t_d$ 几乎平行于等饱和比湿线,说明逆温层内空气混合充分,水汽垂直分布均匀。逆温层顶以上 $t$ 和 $t_d$ 迅速减小,由于层结稳定,阻碍水汽向上输送,湿度较小,因而 $t - t_d$ 大。

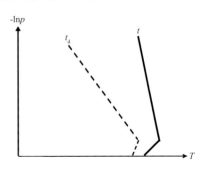

图 7.2　*T*-ln*p* 图中辐射
逆温的示意图

【举例】这里选取北京 2006 年 7 月 2 日 02—20 时每隔 6 h 一次的探空,来说明辐射逆温在探空图上的反映。2 日 02 时地面出现了轻雾(图 7.3),近地面有逆温(图 7.4a)。由于 2 日夜间北京少云,有微风,近地面空气较干,经分析可以判断是辐射逆温,925 hPa 以下的温湿结构与图 7.2 一致。日出后,随着地面温度逐渐升高,地面附近的逆温消失,而地面上空的逆温依然存在(图 7.4b)。午后地面温度进一步升高,超过 30 ℃,近地面的辐射逆温完全消失,850 hPa 以下的温度直减率接近干绝热直减率(图 7.4c)。

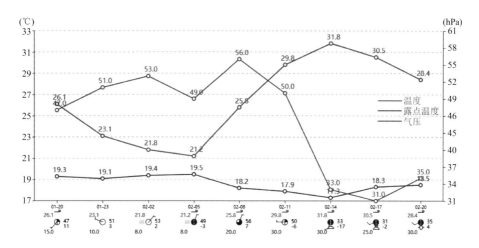

图 7.3　2006 年 7 月 1 日 20 时—2 日 20 时北京三线图

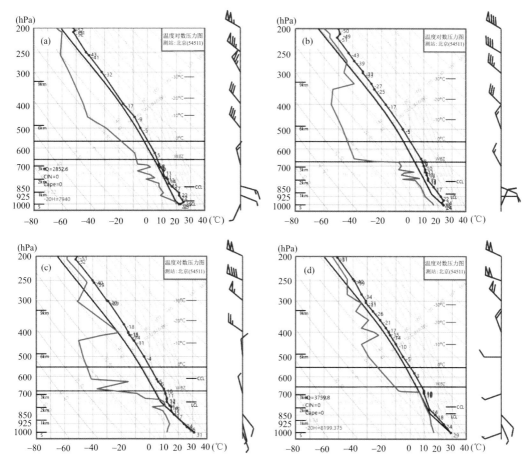

图 7.4　2006 年 7 月 2 日每隔 6 h 的北京 $T$-$\ln p$ 图
(a)02 时;(b)08 时;(3)14 时;(d)20 时

## 7.2 平流逆温

当暖空气平流到冷的下垫面上时,暖空气与冷地面之间不断地进行热量交换(湍流热量交换)。暖空气下层受冷的下垫面影响最大,降温强烈,形成一层浅薄的冷空气,而上层降温缓慢,从而形成逆温,被称为平流逆温(advection inversion)。

平流逆温的形成也是由地面开始逐渐向上扩散的,类似辐射逆温,但是它是基于空气的运动(平流)形成,而辐射逆温是局地形成的。其强弱由暖空气和冷地面间温差的大小决定,温差越大,逆温越强。它可以在一天中的任何时刻出现,有的可以持续好几个昼夜。单纯的平流逆温没有明显的日变化。

冬季,在中纬度的沿海地区,由于海陆温差大,当海上暖湿空气流到大陆时,常出现较强的平流逆温。这种逆温常伴随着平流雾的形成。与辐射逆温不同,出现平流雾时,不但不要求晴朗少云,而且风速也可以较大(风速可达 5~8 m/s)。平流逆温的天气学意义就在于它与平流雾的形成有关。暖空气流经冰、雪表面产生融冰、融雪现象,吸收一部分热量,使得平流逆温得到加强,这种逆温称为"雪面逆温"。

图 7.5 为江西一次平流雾的探空图,可以看到在近地面 925 hPa 以下有饱和层,其上方相对干,逆温层顶附近有中等强度的垂直风切变。饱和层上 925~850 hPa 有暖平流,饱和层上的暖平流不仅有利于平流逆温的建立,也有利于逆温的维持。

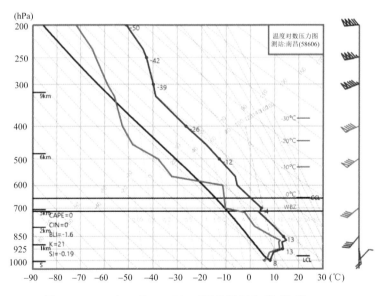

图 7.5 2012 年 2 月 22 日江西平流雾探空(许彬 等,2013)

在 *T-lnp* 图上,平流逆温非常浅薄,常常只有数米或几十米。

【举例】2006 年 1 月 14 日早晨,华北地区(北京等多个城市)出现大雾。从北京 08 时的 *T-lnp* 图(图 7.6)分析可知:1000 hPa 以下近地面气层已经接近饱和,饱和层非常浅薄; 1000 hPa 以上气层为干层;1000~925 hPa 有明显的垂直风切变,风随高度顺时针旋转,有暖平流;暖气团与下垫面温差较大,964 hPa 与地面之间的温差达 7 ℃。因此,此次大雾的发生与暖平流有关,属于平流雾。

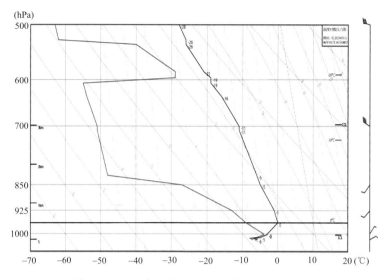

图 7.6　2006 年 1 月 14 日 08 时的北京 $T\text{-}\ln p$ 图

## 7.3　湍流逆温

湍流逆温(turbulence inversion)是由于低层(摩擦层,也称为行星边界层内)空气的湍流混合,在湍流层顶部所形成的逆温。

在摩擦层内部的未饱和空气(温度直减率 $\gamma$),经过湍流混合后,温度直减率趋近于干绝热线 $\gamma_d$,湍流混合区顶部的降温十分显著。在湍流混合区与自由大气之间的过渡层内,由于湍流随高度迅速减弱,降温作用随高度迅速减弱。到了自由大气,降温作用不明显。所以,在上述过渡层内,温度直减率必然变小,强的可达逆温程度。

湍流逆温的形成过程可见图 7.7:假定在湍流混合前,层结曲线为 $ABC$,此时 $\gamma < \gamma_d$,层结稳定。因为未饱和湿空气在绝热升降过程中温度是按照干绝热直减率变化的,所以当湍流在混合层内发生时,上层的空气沿着干绝热线下降到下层($F \to E$),其温度要比周围的空气高($TE > TA$),混合后下层温度升高($TA' > TA$)。而下层空气沿着干绝热线上升到上层($A \to D$),其温度低于周围空气的温度($TD < TF$),经过混合后上层温度降低($TF' < TF$)。因此,经过充分混合后,湍流混合层内的层结曲线趋向干绝热线($A'F'$),$\gamma \approx \gamma_d$。在摩擦层与自由大气之间的过渡层内,湍流急剧减弱,温度直减率陡然变小,出现逆温($F'B$)。

风速越大,湍流越强。冷空气过境后风速增大,湍流引起的地面增温可显著减小因平流引起的降温(冷空气降温)。在冷平流不太强的情况下,甚至会出现温度不降反升的现象。这是湍流逆温的天气学意义之一。

因湍流逆温出现在湍流混合层的顶部,所以其离地的高度随湍流层的厚薄而定。湍流强时,湍流厚度大,它所在的高度就高;反之,高度就低。一般它都位于摩擦层的中上部,不紧贴地面。湍流逆温的厚度不大,一般不超过几十米。从湿度的垂直分布来看,逆温层以下,经过强烈的湍流混合后,气层中水汽的垂直分布已经比较均匀,因此,在 $T\text{-}\ln p$(图 7.8)中,逆温层

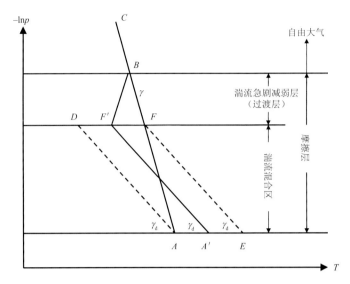

图 7.7　湍流逆温形成的示意图

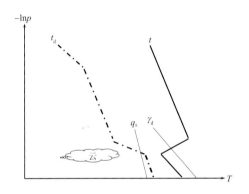

图 7.8　*T-*ln*p* 图中湍流逆温示意图

以下露点温度的垂直分布曲线,大体上平行于等饱和比湿线,因为在没有凝结的情况下,比湿不变,充分混合导致比湿上下相等。水汽从逆温层上界开始急剧减少,逆温层高度大致与摩擦层顶相吻合,离地大约 1 km。在逆温层的底部,由于下层的水汽和杂质向上输送,以及温度的下降,容易发生层云和层积云。这也是湍流逆温的天气学意义。

【注】摩擦层又称行星边界层,底部和地表接触,上界为 1～2 km 高度。

湍流逆温在 *T-*ln*p* 图中的基本特征可以归纳为:①逆温层位于行星边界层内,但不到达地面;②逆温层下方的温度直减率接近干绝热直减率;③逆温层下方的露点温度廓线与等比湿线接近平行;④边界层内风速较大。

【举例】2010 年 3 月 12 日,北京子夜气温猛升 5 ℃(图 7.9b),其中的原因与湍流逆温有关。12 日 02 时左右,冷锋过境(图 7.9a),低层西北风风力增大(图 7.9c),湍流加强。而 500 hPa 上,北京正好位于槽底,冷平流不强(图略)。湍流引起的地面增温可显著减小因平流引起的降温,出现了温度不降反升的现象。*T-*ln*p* 图上可以清楚地看到湍流逆温的特征(图 7.10),基本符合图 7.8 的概念模型特征。由于没有 12 日 02 时的探空,只能参看 12 日 08 时的探空。虽然与 02 时已间隔了 6 h,但仍可以看到 850 hPa 附近逆温明显,此逆温位于边界层顶附近,逆温层下的温度廓线接近干绝热线。逆温层下的等饱和比湿线虽没有完全与等饱和比湿线平行,但也接近平行。700 hPa 以下盛行西北风,且风速大,有利于湍流逆温的形成。

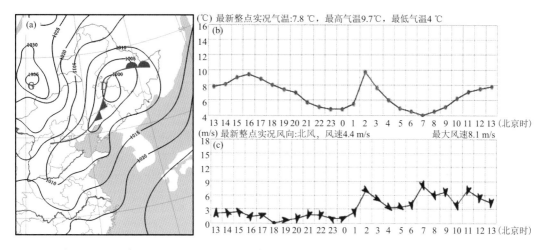

图 7.9 2010 年 3 月 12 日 02 时海平面气压(a),11 日 13 时—12 日 13 时北京气温(b)
和风向风速的变化廓线(c)

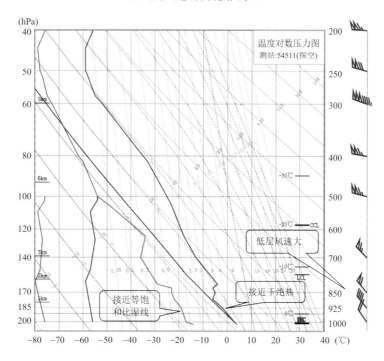

图 7.10 2010 年 3 月 12 日 08 时 $T\text{-}\ln p$ 图

## 7.4 下沉逆温

下沉逆温(subsidence inversion)是由于稳定气层整层空气下沉压缩、绝热增温而形成的逆温。形成过程如图 7.11 所示,$ABCD$ 为某高度上的气层,厚度为 $\Delta z$,当气层下沉时,它的压力逐渐加大,厚度减小。即图中 $\Delta z' < \Delta z$。假定下沉过程是绝热的,而且气层内部相对位置不变,即原来在顶(底)部的空气下沉后仍在顶(底)部。由于顶部(*DC*)下沉的距离(*DC*→*D'C'*)大于底部下沉的距离(*AB*→*A'B'*),所以顶部绝热增温的幅度大于底部。因此,当气层下沉到某一高度时,气层顶部的气温高于底部,便形成逆温。

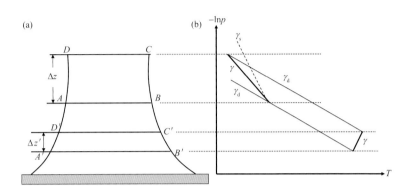

图 7.11　下沉逆温形成的示意图

(a 示意气层下沉后厚度和截面积的变化,b 显示原先 *ABCD* 气层的垂直温度
直减率为 $\gamma(\gamma_s < \gamma < \gamma_d)$,下沉至 *A'B'C'D'* 后,$\gamma(\gamma < \gamma_s)$,出现逆温)

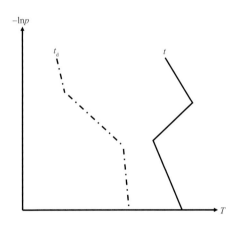

图 7.12　*T-ln p* 图中下沉逆温示意图

下沉逆温形成的有利天气条件是:极地冷高压或者副热带高压控制下的晴好天气,高压中有持久而强盛的下沉运动。

下沉逆温的特点是出现在空中一定的高度上(距地 1~2 km 或以上),范围广,逆温层厚度大(可达数千米),逆温持续时间长。在逆温层中空气比较干燥,气温与露点温度差值很大,在 *T-ln p* 图上表现为露点温度曲线与层结曲线的距离随着高度升高加大,形成通常所说的喇叭口形(图 7.12)。

湍流逆温和下沉逆温的比较:①下沉逆温在边界层之上,湍流逆温在边界层中;②下沉逆温厚,而湍流逆温薄;③湍流逆温也是喇叭口形,但是湍流逆温层下的层结曲线是接近干绝热线,湿度是接近等饱和比湿线,而下沉逆温没有这个限制;④下沉逆温底部则不易产生云,而湍流逆温底部容易有云。

【举例】2010 年 1 月 22 日 08 时,中国大部被冷高压控制,华北地区对流层中层盛行下沉气流(图 7.13)。在中层下沉气流作用下,多个站点出现下沉逆温。这里选取山东章丘站为例。章丘的 *T-ln p* 图符合下沉逆温的特征(图 7.14):距地 2.5 km 以上的 600~700 hPa 具有明显的逆温,逆温较为深厚;500~700 hPa 温度露点差大,中层干燥;从逆温层底至顶部,露点温度廓线与温度廓线的距离随高度而加大,形成了喇叭形。

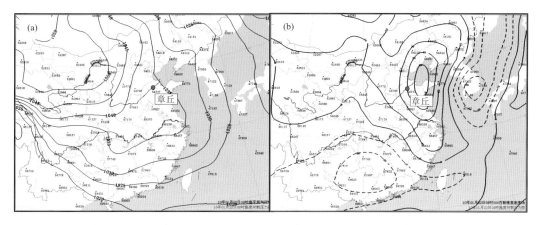

图 7.13　2010 年 1 月 22 日 08 时海平面气压(a)和 500 hPa 垂直运动(b)
(图中标注了山东章丘的位置)

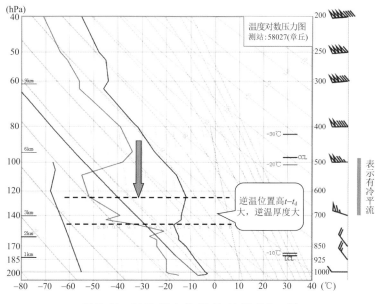

图 7.14　2010 年 1 月 22 日 08 时 $T$-$\ln p$ 图

## 7.5　锋面逆温

锋面逆温(frontal inversion)是由于锋面上方的暖气团凌驾于冷气团之上,冷暖气团的温度差异而形成锋区内的逆温。锋区的厚度就是逆温层的厚度,它的高度随着锋面的倾斜而成倾斜状态(图 7.15)。由于锋是从地面向冷空气方向倾斜的,因此,锋面逆温只能在冷气团控制的地区观测到。锋面逆温离地的高度与观测点相对于锋面的位置有关,距离地面锋线越近,逆温层高度越低,反之越高。

一般暖气团中湿度比冷气团大些,所以湿度与温度同时随着高度的升高而增加。由于锋上暖气团中常有上升运动,因此,逆温层上方的温度露点差一般比下方冷气团中的要小,当锋面上有凝结现象时,逆温层以上的温度露点差可以为 0。在 *T-*ln*p* 图上表现为逆温层以上,露点温度曲线与层结曲线比较靠近(图 7.16)。

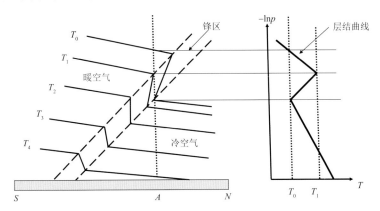

图 7.15　锋面逆温的垂直剖面
(右图为 *A* 点所在位置的探空)

【举例】2007 年 3 月 3—5 日,受江淮气旋和北方强冷空气的共同影响,中国华北、东北出现了晚冬季节少见的强雨雪天气。4 日,江淮气旋北移到山东半岛,地面图的冷暖锋位置见图 7.17。现选取冷锋后的青岛站和暖锋前的大连站(都在冷气团里),可以看到两站均出现了锋面逆温,其层结结构基本符合图 7.16 的特征。虽然大连距离暖锋的距离大于青岛距离冷锋的距离,但两个站锋面逆温的高度没有太大区别,主要是因为暖锋的坡度较小、冷锋的坡度较大造成的。

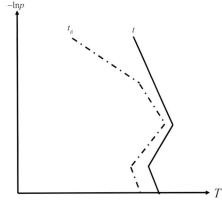

图 7.16　*T-*ln*p* 图中锋面逆温示意图

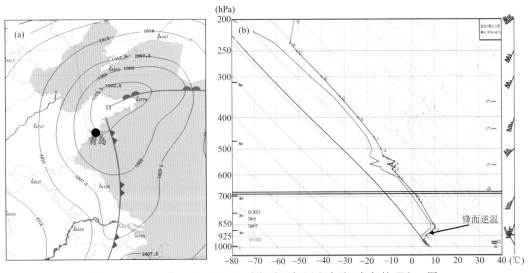

图 7.17　2007 年 3 月 4 日 08 时海平面气压和大连、青岛的 *T-*ln*p* 图

## 7.6　地形逆温

　　地形逆温(terrain inversion)多发生在山谷或盆地等低洼地区。夜晚,山坡上的近地面空气辐射冷却,因冷空气较重,沿斜坡下沉流入低洼地区,聚集在山谷盆地底部,使原来较暖的空气受挤抬升,出现温度倒置现象。

　　傍晚,大气层结近乎中性,下坡风较强并在谷底辐合。而当深夜地形逆温形成后,下坡风就不容易到达地面,而是在较高的地方辐合(图 7.18)。

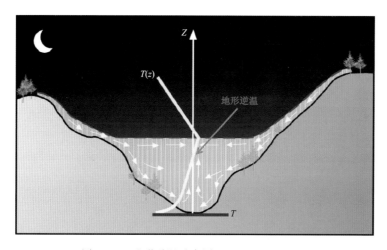

图 7.18　地形逆温示意图(Whiteman,2000)

　　以上 6 种逆温由于其形成的机理不同,它们出现的高度和时间以及逆温层上下方的温度廓线和露点温度廓线都有各自的特点,因此不难把它们区别开来,并通过它们推测大气中所发生的动力学和热力学过程。这正是分析逆温层的意义所在。当然,实际情况有时候可能不像上面所说的那样典型,常常是几种原因混杂在一起,使得逆温层性质不易判断。在这种情况下,应该根据逆温层出现的时间、地点和天气条件等加以具体分析,抓住其主要特点,从而做出正确分析。

# 第 8 章 *T*-ln*p* 图在冬季降水类型
# 判别中的应用

从云中降落到地面的各类水汽凝结(华)物统称为降水。按照相态可以分为液态降水和固态降水。我国东部地区冬季降水类型主要包括雨、雪、雨夹雪、冰粒、冻雨等。对降水相态的正确预报非常重要。假如 24 h 累计降水量为 5 mm,若相态是雨,则只是小雨,对城市运行和生活生产不会造成多大影响;但若相态是雪,则 5 mm 是大雪量级,对社会的影响就非常大。如果降水相态是冰粒或者冻雨时,则对交通、电力、通信、建筑等造成严重危害。例如,2008 年 1 月底到 2 月初中国南方发生的持续性冰冻雨雪过程,其影响范围之广,强度之大,持续时间之长,为历史罕见,给我国国民经济造成了严重损失。下面首先简要介绍各种相态降水的形成机制,然后举例说明 *T*-ln*p* 图在雨、雪、冰粒和冻雨判别中的应用。

## 8.1 不同相态降水的概念及形成机制

不同相态降水的生成涉及云物理学知识,这里只做简单介绍。

### 8.1.1 关于云中水滴和冰晶的说明

在纯水汽环境中,相对湿度需要达到百分之几百,水汽才开始凝结形成水滴(同质核化)。实验指出,相对湿度达到 $700\%\sim800\%$ 时,才能在纯净空气中形成十分微小的水滴胚胎,这些小胚滴在相对湿度小于 $700\%$ 时迅速蒸发消失。而实际大气中,由于总有足够的凝结核存在,所以相对湿度刚刚超过 $100\%$,就会发生凝结现象(成云)。若具有凹面,即使不饱和(相对湿度小于 $100\%$)情况下也会形成小水滴。

一般认为水温降到 0 ℃以下就会结冰,但是云中冰晶生成,温度降到 0 ℃这一个条件是不够的。对于纯水微滴,温度一直降到 $-40$ ℃以前不会产生同质冻结,而存在合适的核时,只要低于零下几摄氏度就可以产生冻结。大气中的冰核很少,远不如凝结核那么丰富,因此,水滴处于过冷却状态很常见,$-15$ ℃或更低的过冷水也不少见。冰核浓度随时空变化很大,当温度为 $-20$ ℃时,典型的冰核浓度为每升 1 个。

### 8.1.2 雨的概念和形成机制

雨是从云中降落到地面的液态水滴。云中的云滴增长为雨滴,有两种过程。一种是云中有冰晶和过冷水并存,在同一温度下($-10\sim-20$ ℃最为有利),冰晶的饱和水汽压小于水滴的饱和水汽压,致使水滴蒸发并向冰晶上凝华,这种"冰晶效应"促使云滴迅速增长而产生降水。在中高纬度,云内的"冰晶效应"非常重要。当云层发展很厚、云顶温度低于 $-10$ ℃时,云的上部具有冰晶结构(如 As,Ns,Cb 云等)时,就会产生强烈的降水。其中,上层(约 $-20$ ℃)

的冰晶作为低层降水所需的胚胎,云的中层(约 $-15\ ℃$)提供迅速扩散增长的良好环境,低层($-10\sim0\ ℃$)降水快速增长。另一种是云滴的碰撞合并(简称碰并)作用。在云顶温度高于 $0\ ℃$ 的云内,碰并作用起了非常重要的作用(暖云降水)。在低纬度和中纬度夏季,因为 $-10\ ℃$ 较高,有些云往往发展不到这个高度,云中只有水滴,不含冰晶。当云层较厚时,在云滴碰并作用下也能产生较强的雨。而当云层较薄时,当云内完全由水滴组成(如 St,Sc 云等)时,只能降毛毛雨或者小雨。

### 8.1.3　雪的概念和形成机制

雪是由冰晶聚合而形成的固态降水,到达地面时大多是雪花,而不是一个个的冰晶。雪花的大小不均匀,一个雪花所包含的冰晶随着雪花增大而增加,一个雪花往往由多达几十个冰晶组成。一个下落的冰晶,通过过冷却水滴和冰晶组成的云中,将因水滴碰冻或冰晶碰连而增长,其中碰冻增长会形成凇状结构的霰,而碰连增长则形成雪花。明显的碰连现象仅在温度高于 $-10\ ℃$ 条件下,才可能发生。

### 8.1.4　冻雨的概念和形成机制

冻雨(也被称为雨凇)是指低于 $0\ ℃$ 的雨滴在略低于 $0\ ℃$ 的空气中能够保持过冷状态(过冷雨滴),外观与一般雨滴相同,当它落到温度低于 $0\ ℃$ 的地面(包括地物)上时,立刻冻结为外表光滑而透明的冰层。冻雨的形成机制可分为两种,一种是暖雨机制,即雨滴的形成过程中,基本无冰相粒子参与,云滴通过碰并增长成雨滴,雨滴下落到过冷层后,成为过冷水滴,落到地面冻结。另一种是经典的融化机制(冰晶层-暖层-冷层模式,见图 8.1),云中的雪花或冰晶形成后(云顶伸展到 $-10\ ℃$ 以上),先下落到中层融化层(暖层)变为雨滴,然后下落到过冷层成为过冷水滴,最后落到地面冻结。我国北方地区的冻雨形成机制以经典的融化机制为主,而南方地区则两种机制都存在,以暖雨机制为主。

### 8.1.5　冰粒的概念和形成机制

冰粒是指透明的丸状或不规则的固态降水,较硬,着硬地一般反弹,直径通常小于 $5\ mm$。有时冰粒内部还有未冻结的水,如被碰碎,只剩下破碎的冰壳。冰粒的形成机制也分为两种。一种是经典的融化机制(图 8.1),类似冻雨的融化机制,区别在于融化层较弱,雪花或冰晶只是部分融化,进入冷层后重新冻结,最后以固态粒子落地。少数个例中由于融化层较强,雪花完全融化,进入深厚的冷层中重新冻结。另一种是暖雨直接冻结机制,云中无雪花或冰晶,毛毛雨直接在冷层中冻结为冰粒落到地面。我国冰粒天气形成机制主要以融化机制为主,冰粒天气的云顶高度普遍高于冻雨天气(漆梁波,2012)。冰粒天气的暖层厚度和强度均小于冻雨天气,冰晶和雪花只是部分融化,从而在过冷层中完全冻结,以固态落到地面。

## 8.2　不同相态降水的探空特征及个例说明

### 8.2.1　冬季不同相态降水的探空特征

对于预报员而言,不可能在预报时深究降水的微物理过程,正如第 8.1 节介绍的,生成何

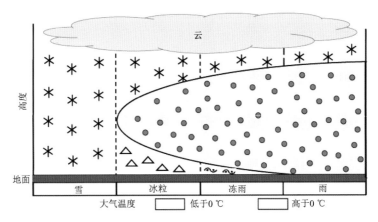

图 8.1　形成雪、冰粒、冻雨、雨的示意图

（白色和灰色分别表示低于 0 ℃ 和高于 0 ℃ 的大气层结）

种类型的降水与大气的垂直结构特征有密切的关系。不管是哪种类型的降水，都需要满足水汽条件和垂直运动条件，在此基础上，若能结合探空反映的垂直结构特征，可以更好地做出相态的预报。Stewart（1985）将雪、雨、冰粒、冻雨的温度廓线（图 8.2）做了对比，可以看到，雪的整层温度低于 0 ℃；雨在中高层的温度低于 0 ℃，低层的温度均高于 0 ℃；冰粒和冻雨在低层均出现了逆温，并且近地面及地表温度均小于 0 ℃，相比而言，冰粒的暖层厚度和强度均小于冻雨。当然，图 8.2 只是从简化的角度对比了 4 种降水类型的垂直温度特征，并且是国外的模型，实际情况会比这个复杂。

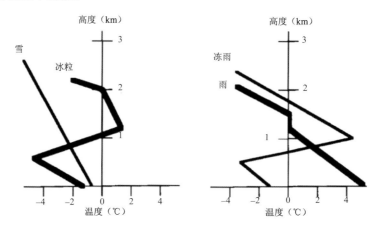

图 8.2　不同地面降水型（雪、雨、冰粒、冻雨）的垂直温度廓线（Stewart，1985）

### 8.2.2　实例说明

下面以 2008 年 1 月发生在我国南方的持续雨雪冰冻事件为例，来对比冬季不同类型降水的探空特征。此次雨雪冰冻事件发生的天气背景概括如下：中高纬阻塞高压位于西西伯利亚长达 20 余天，副热带高压偏西偏北，阻塞高压和副热带高压之间有一横槽维持，此种形势十分有利于冷空气从北方入侵；同时西风带南支槽稳定维持，将大量水汽输送至中国大陆尤其是南方地区；一条准静止锋长期稳定维持于长江流域（孙建华 等，2008）。

　　1 月 20 日 08 时,贵州和湖南大片出现冻雨,长江中下游以北地区以降雪为主,以南地区以降雨为主(图 8.3)。这里选取贵阳、武汉、南昌 3 站分别为冻雨、雪、雨的对比站。1 月 28 日 08 时,贵州和湖南多站出现冰粒(图 8.4),选取贵阳站作为冰粒的代表站。4 站对应的 $T$-$\ln p$ 图见图 8.5。

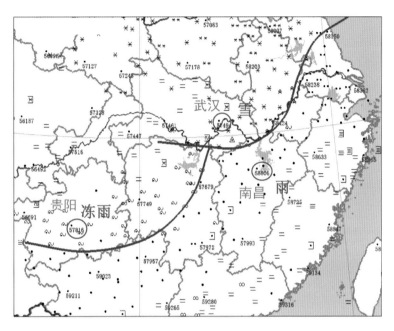

图 8.3　2008 年 1 月 20 日 08 时地面天气现象和探空站点信息

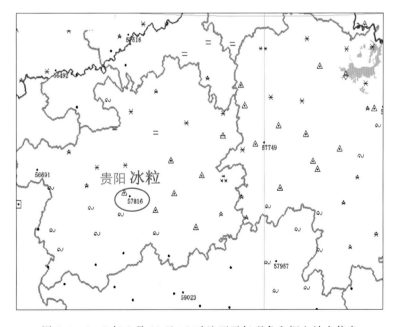

图 8.4　2008 年 1 月 28 日 08 时地面天气现象和探空站点信息

从图 8.5 可以看到,武汉湿层深厚,云顶温度低于−20 ℃,有利于冰晶的生成,而整层温度都小于 0 ℃,因此降雪(图 8.5a)。贵阳探空在两次过程中均有逆温出现,且地面温度均小于 0 ℃(图 8.5b,d)。此次冻雨的发生属于暖雨机制,因为湿层比较浅薄(700 hPa 以下),表明云顶温度在 0 ℃ 左右,雨滴形成过程中,基本无冰相粒子参与,雨滴下落到冷层后,成为过冷水滴,落到地面冻结。而此次冰粒天气的形成属于融化机制(注意 08 时前和后都是冻雨,只是 08 时出现冰粒),相对湿度大($t$-$t_d$ 小)的层次非常深厚,表明云层深厚,云顶温度低于−30 ℃,这使得高空有冰晶生成,在下落到距地 2~3 km 处温度大于 0 ℃的暖层过程中,由于暖层不是很深厚,冰晶只是部分融化,进入冷层后重新冻结,以固态粒子落地。对比图 8.5b 和图 8.5d 可见,发生冰粒时的低层冷层平均温度更低。图 8.5 中的逆温属于平流逆温,主要是暖湿空气在冷空气垫上爬升形成的。南昌湿层也较深厚,也有逆温(图 8.5c)。但湿层都在 500 hPa 以下,云顶温度低于−15 ℃,云中不一定有冰晶生成,可能只是过冷水滴。如果存在冰晶,由于 700 hPa 附近的暖层比较深厚,冰晶融化也较彻底,并且低层的冷层强度很弱,加上地面温度大于 0 ℃,最后形成的是雨。

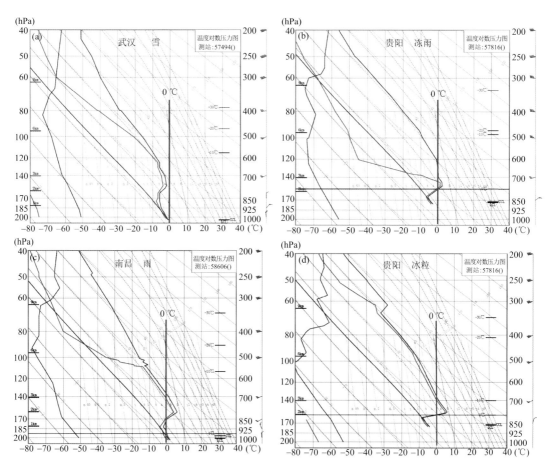

图 8.5　2008 年 1 月 20 日 08 时武汉(a)、贵阳(b)、南昌(c),以及 2008 年 1 月 28 日 08 时贵阳(d) *T*-ln*p* 图

# 参考文献

陈佑淑,蒋瑞宾,1989.气象学[M].北京:气象出版社.

《大气科学辞典》编委会,1994.大气科学辞典[M].北京:气象出版社.

丁一汇,2005.高等天气学[M].2版.北京:气象出版社.

樊李苗,俞小鼎,2013.中国短时强对流天气的若干环境参数特征分析[J].高原气象,32(1):156-165.

华莱士,霍布斯,2008.大气科学[M].何金海,王振会,银燕,等译.2版.北京:科学出版社.

雷蕾,孙继松,王国荣,等,2012.基于中尺度数值模式快速循环系统的强对流天气分类概率预报试验[J].气象学报,70(4):752-765.

雷蕾,孙继松,陈明轩,等,2021.北京地区一次飑线的组织化过程及热动力结构特征[J].大气科学,45(2):287-299.

李耀东,刘健文,吴洪星,等,2014.对流温度含义阐释及部分示意图隐含悖论成因分析与预报应用[J].气象学报,72(3):628-637.

廖晓农,俞小鼎,谭一洲,2007.14时探空在改进北京地区对流天气潜势预报中的作用[J].气象,33(3):28-32.

刘健文,郭虎,李耀东,等,2005.天气分析预报物理量计算基础[M].北京:气象出版社.

卢焕珍,刘一玮,刘爱霞,等,2012.海风锋导致雷暴生成和加强规律研究[J].气象,38(9):1078-1086.

漆梁波,2012.我国冬季冻雨和冰粒天气的形成机制及预报着眼点[J].气象,38(7):769-778.

束宇,姜有山,张志刚.2015.对流温度在局地热对流降水预报中的应用[J].气象,41(1):52-58.

寿绍文,励申申,姚秀萍,2008.中尺度气象学[M].北京:气象出版社.

孙继松,戴建华,何立富,等,2014.强对流天气预报的基本原理与技术方法[M].北京:气象出版社.

孙建华,赵思雄,2008.2008年初南方雨雪冰冻灾害天气的大气层结和地面特征的数值模拟[J].气候与环境研究,13(4):510-519.

陶岚,戴建华,陈雷,等,2009.一次雷暴冷出流中新生强脉冲风暴的分析[J].气象,35(3):29-35.

王秀明,俞小鼎,周小刚,等,2012a."6·3"区域致灾雷暴大风形成及维持原因分析[J].高原气象,31(2):504-514.

王秀明,俞小鼎,朱禾,2012b.NCEP再分析资料在强对流环境分析中的应用[J].应用气象学报,23(2):139-146.

王秀明,俞小鼎,周小刚,2014.雷暴潜势预报中几个基本问题的讨论[J].气象,40(4):389-399.

魏东,孙继松,雷蕾,等,2011a.用微波辐射计和风廓线资料构建探空资料的定量应用可靠性分析[J].气候与环境研究,16(6):697-706.

魏东,孙继松,雷蕾,等,2011b.三种探空资料在各类强对流天气中的应用对比分析[J].气象,37(4):412-422.

文宝安,1980.物理量计算及其在暴雨分析预报中的应用稳定度指数[J].气象,6(8):31-33.

吴洪星,李耀东,王慧娟,等,2010.对流温度在北京夏季局地热力对流云分析中的应用[J].气象与环境科学,33(4):11-15.

许彬,许爱华,陈翔翔,2013.2012年2月22日江西平流雾过程的环流特征与诊断分析[J].气象与减灾研究,36(4):8-13.

杨国祥,何其强,1994.北京雷暴大风和冰雹临近预报的研究[J].空军气象学院学报,5(3):202-211.

俞小鼎,2014.关于冰雹的融化层高度[J].气象,40(6):649-654.

俞小鼎,姚秀萍,熊廷南,等,2006.多普勒天气雷达原理与业务应用[M].北京:气象出版社.

俞小鼎,郑媛媛,廖玉芳,等,2008.一次伴随强烈龙卷的强降水超级单体风暴研究[J].大气科学,32(3):508-522.

俞小鼎,周小刚,王秀明,2012.雷暴与强对流临近天气预报技术进展[J].气象学报,70(3):311-337.

俞小鼎,王秀明,李万莉,等,2020.雷暴与强对流天气临近预报[M].北京:气象出版社.

章国材,2011.强对流天气的分析与预报[M].北京:气象出版社.

章丽娜,王秀明,熊秋芬,等,2014."6·23"北京对流暴雨中尺度环境时空演变特征及影响因子分析[J].暴雨灾害,33(1):1-9.

章丽娜,朱禾,周小刚,2016.关于虚温订正CAPE求算方法的讨论[J].气象,42(8):1007-1012.

章丽娜,周小刚,徐丽娅,2017.从不稳定能量角度对条件不稳定相关问题的讨论[J].气象学报,75(3):517-526.

张琪,任景轩,肖红茹,等,2021.基于FY-4A卫星资料的四川盆地MCC初生和成熟阶段特征[J].大气科学,45(4):863-873.

张文龙,范水勇,陈敏,2012.中尺度模式探空资料在北京局地暴雨预报中的应用[J].暴雨灾害,31(1):8-14.

张涛,关良,郑永光,等,2020.2019年7月3日辽宁开原龙卷灾害现场调查及其所揭示的龙卷演变过程[J].气象,46(5):603-617.

郑永光,朱文剑,姚聃,等,2016.风速等级标准与2016年6月23日阜宁龙卷强度估计[J].气象,42(11):1289-1303.

朱乾根,林锦瑞,寿绍文,等.2007.天气学原理和方法[M].4版.北京:气象出版社.

ATKINS N T,WAKIMOTO R M,1991.Wet microburst activity over the Southeastern United States:Implications for forecasting [J].Wea Forecasting,6(4):470-482.

BANACOS P C,EKSTER M L,2010.The association of the elevated mixed layer with significant severe weather events in the Northeastern United States [J].Wea Forecasting,25(4):1082-1102.

BLUESTEIN H B,JAIN M H,1985.Formation of mesoscale lines of precipitation:severe squall lines in Oklahoma during the spring [J].J Atmos Sci,42(16):1711-1732.

BRANDES E A,DAVIESJONES R P,JOHNSON B C,1988.Streamwise vorticity effects on supercell morphology and Persistence [J].J Atmos Sci,45(6):947-963.

BYERS H R,BRAHAM R R,1949.The thunderstorm[M].Washington:US Goverment Printing Office.

BYERS H R,LANDSBERG H E,WEXIER H,et al,1951.Compendium of Meteorology[M].Boston:American Meteorological Society.

CAMPBELL P C,GEERTS B,BERGMAIER P T,2014.A dryline in southeast Wyoming.Part I:Multiscale analysis using observations and modeling on 22 June 2010 [J].Mon Wea Rev,142(1):268-289.

DOSWELL C A,2001.Severe convective stroms [J].Meteor Monogr,69:1-26.

DOSWELL C,RASMUSSEN E N,1994.The effect of neglecting the virtual temperature correction on CAPE calculations [J].Wea Forecasting,9(4):625-629.

EMANUEL K A,1994.Atmospheric convection[M].New York:Oxford University Press.

GALWAY J G,1956.The lifted index as a predictor of latent instability [J].Bull Amer Meteor Soc,37(10):528-529.

GEORGE J J,1960.Weather forecasting for aeronautics [M].New York:Academic Press.

GILMORE M S,WICKER L J,1998.The Influence of midtropospheric dryness on supercell morphology and evolution [J].Mon Weather Rev,126(4):943-958.

HART R,FORBES G,RICHARD H G,1998.Forecasting techniques the use of hourly model-generated soundings to forecast mesoscale phenomena.Part I:Initial assessment in forecasting warm-season phenomena [J].Wea Forecasting,13(4):1165-1185.

LEMON L R，DOSWELL C A，1979．Severe thunderstorm evolution and mesocyclone structure as related to tornadogenesis［J］．Monthly Weather Review，107(9)：1184-1197．

MADDOX R A，1980．Meoscale convective complexes［J］．Bull Amer Meteor Soc，61(11)：1374-1387．

MARKOWSKI P，RICHARDSON Y，2010．Mesoscale Meteorology in Midlatitudes［M］．Oxford：Wiley-blackwell．

MENG Z，BAI L，ZHANG M，et al，2018．The deadliest tornado(EF4)in the past 40 years in China［J］．Weather and Forecasting，33：693-713．

MILLER R C，1972．Notes on analysis of severe-storm forecasting procedures of the Air Force Global Weather Central，Air Force Severe Technical Report 200(Rev.)［R］．Illinois：Scott Air Force Base，Air Weather Service．

ORLANSKI I，1975．A rational subdivision of scales for atmospheric process［J］．Bull Amer Meteor Soc，56(5)：527-530．

ROC/NWS/NOAA，1998．WSR-88D operations Course［R］．Silver Spring：National Oceanic and Atmospheric Administration．

SHOWALTER A K，1953．A stability index for thunderstorm forecasting［J］．Bull Amer Meteor Soc，34(6)：250-252．

STEWART R E，1985．Precipitation types in winter storms［J］．Pure appl Geophys，123(4)：597-609．

THOMPSON R L，MEAD C M，EDWARDS R，2007．Effective storm-relative helicity and bulk shear in supercell thunderstorm environments［J］．Wea Forecasting，22(1)：102-115．

VASQUEZ T，2009．Severe Storm Forecasting［M］．Garland：Weather Graphics Technologies．

WAKIMOTO R M，1985．Forecasting dry microburst activity over the high plains［J］．Mon Wea Rev，113(7)：1131-1143．

WHITEMAN C D，2000．Mountain Meteorology：Fundamentals and Applications［M］．New York：Oxford University Press．

ZHANG L N，SUN J，YING Z，et al，2021．Initiation and development of a squall line crossing Hangzhou Bay［J/OL］．Journal of Geophysical Research-Atmospheres，126(1)：1-19．https：//doi.org/10.102912020JD 032504．

# 附录 A   热力学知识

大气中发生的各种物理过程(如大气的绝热上升或绝热下沉过程,云滴的凝结增长和蒸发减小过程等)常伴有各种不同形式的能量间的相互转化,这种转化必然遵循热力学的一般定律,而且大气中能量的转化会引起大气状态及其运动的变化,因此,为了研究大气状态及其运动的变化规律,首先必须搞清楚大气中的热力学过程。

## A1   理想气体状态方程

气象学中,常把空气看成是两种理想气体,即"干空气"和水汽的混合物,这种混合物称为湿空气。湿空气的热力学性质取决于干空气和水汽各自特性的共同作用。

### A1.1   干空气的状态方程

理想气体状态方程,表述了热力平衡条件下,气体的气压($p$)、体积($V$)和温度($T$)之间的关系

$$pV = CT \tag{A1}$$

这里 $C$ 是常数,实验表明,它只与气体的质量和种类有关。

根据阿伏伽德罗定律(同温同压下,相同体积的任何气体含有相同的分子数),将上面方程简化为标准形式。标准状况下,即 $p = 1.01325 \times 10^5$ Pa,$T = 273$ K 时,1 mol 气体的体积约为 22.4 L。

对于 1 mol 的气体,则有

$$pv = C'T \tag{A2}$$

其中,

$$
\begin{aligned}
C' = \frac{pv}{T} &= \frac{1.01325 \times 10^5 \, \mathrm{Pa} \times 22.4 \times 10^{-3} \, \mathrm{m}^3}{273 \, \mathrm{K \cdot mol}} \\
&= \frac{1.01325 \times 10^5 \, \mathrm{N/m^2} \times 22.4 \times 10^{-3} \, \mathrm{m}^3}{273 \, \mathrm{K \cdot mol}} \\
&= \frac{1.01325 \times 22.4 \times 10^2 \, \mathrm{N \cdot m}}{273 \, \mathrm{K \cdot mol}} \\
&= 8.314 \, \mathrm{J/(K \cdot mol)}
\end{aligned}
$$

由于在这种情况下,$C'$ 对于所有气体而言都是同一常数,因此被称为通用气体常数,记 $C' = R^*$。式(A2)改写为

$$pv = R^* T \tag{A3}$$

对于任意体积,$V = nv$,$n$ 为摩尔数,则式(A3)两边同乘以 $n$,得

$$pV = nR^* T \tag{A4}$$

式(A4)两边同除以气体的质量($m$),可得

$$\frac{pV}{m} = \frac{n}{m}R^*T = \frac{R^*T}{\frac{m}{n}} \tag{A5}$$

$\frac{V}{m} = \frac{1}{\rho} = \alpha$,$\alpha$ 为比容,$M = \frac{m}{n}$ 为气体的摩尔质量。式(A5)写为

$$\frac{p}{\rho} = \frac{R^*T}{M} \tag{A6}$$

一般记 $R' = \frac{R^*}{M}$,称为比气体常数。则单位质量理想气体的状态方程可表示为

$$p = \rho R'T \tag{A7}$$

或

$$p\alpha = R'T \tag{A8}$$

定义干空气的摩尔质量为

$$M_d = \frac{\sum_i m_i}{\sum_i \frac{m_i}{M_i}} \tag{A9}$$

其中,$\sum_i m_i$ 为干空气中各成分总质量(单位为 g),$\sum_i \frac{m_i}{M_i}$ 表示总摩尔数(单位为 mol),$m_i$ 和 $M_i$ 分别表示混合气体内第 $i$ 种成分的质量和摩尔质量。干空气的摩尔质量约为 28.9 g/mol (由于水汽的摩尔质量为 18 g/mol,因此湿空气的摩尔质量小于干空气的),干空气的比气体常数为

$$R_d = R' = \frac{R^*}{M_d} = \frac{8.314\ \text{J}/(\text{K} \cdot \text{mol})}{28.9\ \text{g/mol}} \approx 287\ \text{J}/(\text{K} \cdot \text{kg})$$

则干空气的状态方程为

$$p\alpha = R_d T \tag{A10}$$

## A1.2　水汽的状态方程

水与其他的大气成分不一样,它在大气中呈现 3 种状态:固态、液态和气态。水汽在大气中表现的特征可以非常近似地看作是理想气体。根据式(A7),水汽的状态方程可改写为

$$e = \rho_v R_v T \tag{A11}$$

式中,$\rho_v$ 为水汽密度,$R_v$ 是水汽的比气体常数,由于 $\varepsilon = \frac{R_d}{R_v} = \frac{M_v}{M_d} = \frac{18}{28.9} \approx 0.622$,所以式(A11)可以写为

$$e = \rho_v \frac{R_d}{\varepsilon} T \tag{A12}$$

## A1.3　湿空气的状态方程

干空气和水汽的状态方程分别为

$$p_d = \rho_d R_d T \tag{A13}$$
$$e = \rho_v R_v T \tag{A14}$$

由道尔顿分压定律，

$$p = p_d + e = (\rho_d R_d + \rho_v R_v) T \tag{A15}$$

记

$$\rho R_m = \rho_d R_d + \rho_v R_v \tag{A16}$$

则湿空气状态方程可以写为

$$p = \rho R_m T \tag{A17}$$

其中，$\rho$ 是湿空气的密度，$R_m$ 是湿空气的比气体常数。这样，方程就和干空气状态方程具有相同的形式。

下面计算 $R_m$ 的表达式。考虑到 $q = \rho_v / \rho$ (比湿)，$\rho_d = \rho - \rho_v$，以及 $R_d = 0.622 R_v$，

$$
\begin{aligned}
R_m &= R_d \frac{\rho_d}{\rho} + R_v \frac{\rho_v}{\rho} = R_d \left( \frac{\rho - \rho_v}{\rho} + \frac{R_v}{R_d} \frac{\rho_v}{\rho} \right) \\
&= R_d \left( 1 - \frac{\rho_v}{\rho} + \frac{1}{0.622} \frac{\rho_v}{\rho} \right) = R_d \left( 1 - q + \frac{1}{0.622} q \right) \\
&= R_d (1 + 0.608 q)
\end{aligned}
\tag{A18}
$$

综上得到：

干空气状态方程 $p\alpha = R_d T$，$R_d$ 为干空气的比气体常数。

湿空气状态方程 $p\alpha = R_m T$，$R_m$ 为湿空气的比气体常数。可见，$R_m$ 不是常数，而是和比湿 ($q$) 的大小有关。比湿越大，$R_m$ 越大。

## A2　热力学第一定律

$$dQ = dU + dW \tag{A19}$$

施加于某一气体的全部热量 $dQ$，一部分使气体的内能增加 $dU$，其余使气体对外做功 $dW$。一般习惯用单位质量的式子，因此，式(A20)可写为

$$dq = du + dw \tag{A20}$$

下面以干空气为例。

首先考察做功项，单位质量气体所做的功表示为

$$dw = p d\alpha \tag{A21}$$

接着研究其中的 $du$ 项，对于理想气体来说，内能的增加表现为温度升高。温度变化与所增加的能量成正比。$du$ 可表示为

$$du = c(p, \alpha) dT \tag{A22}$$

其中，$c(p, \alpha)$ 为比热，对于气体来说，$c(p, \alpha)$ 不是常数。

如果 $d\alpha = 0$，则 $dw = 0$，即做功为 $0$，此时 $dq = du = c_V dT$。

$$c_V = \left( \frac{dq}{dT} \right)_\alpha \tag{A23}$$

称为质量定容热容。

施加于气体的所有能量，一部分转成内能，其余部分做功，因此能量守恒的一般表达式为

$$dq = c_V dT + p d\alpha \tag{A24}$$

下面介绍能量守恒的另一种表达式。对式(A10)进行微分

$$p d\alpha + \alpha dp = R_d dT \tag{A25}$$

将式(A25)代入式(A24)

$$dq = c_V dT + R_d dT - \alpha dp \tag{A26}$$

如果加热时气压保持不变,则 $dp = 0$,此时

$dq = c_V dT + R_d dT = (c_V + R_d)dT$,记质量定压热容

$$c_p = \left(\frac{dq}{dT}\right)_p = c_V + R_d \tag{A27}$$

所以热力学第一定律的另一种表达式

$$dq = c_p dT - \alpha dp \tag{A28}$$

## A3 特定过程

### A3.1 绝热过程

$$dq = 0 \tag{A29}$$

$$c_V dT = -p d\alpha \tag{A30}$$

或

$$c_p dT = \alpha dp \tag{A31}$$

在改变某个系统的物理状态(如压强、体积或温度等)时,如果既不加入热量,也不取走热量,这种变化就称为绝热变化。在绝热过程中,系统与环境间无热量交换,但可以有功的交换。绝热过程分为可逆和不可逆。

严格地说,实际大气不是绝热的。因为一块空气运动时,能够通过湍流交换、辐射和分子热传导等与周围环境大气交换热量。但对于运动着的空气,特别是做垂直运动时,由于气压随高度变化很快,气块的温度在短期内就发生很大变化(参见附录 A3.2.1),热量交换对空气温度的影响远小于由于空气压缩或者膨胀所造成的影响,故可以忽略其他热交换作用,而假设气块是绝热的。

但是,在近地层大气中(尤其是几十米以下),由于湍流交换强,气块从地面获得热量;平流层中,气层主要受辐射过程控制,都不能认为是绝热的。此外,如果过程进行的时间较长,热量交换的累计效应就不可忽略,也不能认为是绝热的。

对于研究升降运动中气块的状态变化规律、了解影响大气中垂直运动分布及垂直混合的某些物理过程,主要用到气块法,具体介绍见第 2.1 节。

### A3.2 干绝热过程

干绝热过程是指干空气在物理状态($p, V, T$)变化过程中与外界既无热量交换又无质量交换的过程。对于未饱和湿空气,只要上升过程中未达到饱和,其状态变化也基本服从干绝热过程。

#### A3.2.1 干绝热方程

根据干空气状态方程(A10),将式(A31)式写为

$$c_p dT = \frac{R_d T}{P} dp \tag{A32}$$

设气块的初始状态压强为 $p_0$,温度为 $T_0$,终止状态气压为 $p$,温度为 $T$,对式(A1.3.4)稍做变换并求积分

$$\int_{T_0}^{T} \frac{\mathrm{d}T}{T} = \int_{p_0}^{p} \frac{R_\mathrm{d}}{c_p} \frac{\mathrm{d}p}{P} \Rightarrow \ln T \left|_{T_0}^{T}\right. = \frac{R_\mathrm{d}}{c_p} \ln p \left|_{p_0}^{p}\right.$$

因此,

$$\ln\left(\frac{T}{T_0}\right) = \ln\left(\frac{p}{p_0}\right)^{\frac{R_\mathrm{d}}{c_p}} \tag{A33}$$

即

$$\left(\frac{T}{T_0}\right) = \left(\frac{p}{p_0}\right)^k \tag{A34}$$

其中,$k = \dfrac{R_\mathrm{d}}{c_p} = \dfrac{c_p - c_V}{c_p} = \dfrac{1004 - 717}{1004} \approx 0.286$。

式(A34)为干绝热方程,也称泊松方程。该方程说明干空气在绝热过程中,气压的改变是温度变化的直接原因。因此,干绝热下沉时,气压升高,温度增加,干绝热上升时,气压降低,温度减小。

### A3.2.2 位温

气块在做干绝热运动时,其温度随气压的改变而改变,这就为辨别气块原来的热状态带来了困难。此外,在不同气压下比较两个空气块的热状态,也不能单纯地比较温度,因为还受到气压的影响(也就是说即使是热状态相同的气块,按干绝热上升到不同的高度,温度也是不同的)。为了判别气块原有的热状态,或比较两个不同气块的热状态,必须将气块订正到气压相同的情况下进行追踪和比较。因此就引出了位温的概念。

所谓位温,就是气块按照干绝热过程移至标准气压($p_0 = 1000$ hPa)时气块所具有的温度,又称为位置温度,常用绝对温标表示。

将气块原来的压强($p$)和温度($T$),以及标准气压 1000 hPa 代入式(A34),可得到位温的表达式为

$$\theta = T\left(\frac{1000}{p}\right)^k \tag{A35}$$

将式(A35)求对数

$$\ln\theta = \ln T + k(\ln 1000 - \ln p) \tag{A36}$$

再求微分

$$\frac{\mathrm{d}\theta}{\theta} = \frac{\mathrm{d}T}{T} - \frac{R_\mathrm{d}}{c_p} \frac{\mathrm{d}p}{p} \tag{A37}$$

另一方面,可以将式(A28)改写为

$$\mathrm{d}q = c_p \mathrm{d}T - R_\mathrm{d} T \frac{\mathrm{d}p}{p} \tag{A38}$$

将式(A38)两边同除以 $\dfrac{1}{c_p T}$,进一步可写为

$$\frac{\mathrm{d}q}{c_p T} = \frac{\mathrm{d}T}{T} - \frac{R_\mathrm{d}}{c_p} \frac{\mathrm{d}p}{p} \tag{A39}$$

比较式(A37)和式(A39)后可得

$$\frac{\mathrm{d}\theta}{\theta} = \frac{\mathrm{d}q}{c_p T} \tag{A40}$$

这说明气块位温的变化是由热量变化造成的。当气块得到热量时位温升高,放出热量时位温降低。而绝热时,位温不变。这说明了在干绝热过程中,位温守恒。根据这个特点,可以根据位温的变化判断气块是否与外界发生了热交换。

在分析大气热力过程时还常常用到熵的概念。根据热力学第二定律可知,在可逆过程中,满足

$$\mathrm{d}s = \frac{\mathrm{d}q}{T} \tag{A41}$$

根据式(A40)

$$\mathrm{d}s = c_p \frac{\mathrm{d}\theta}{\theta} = \mathrm{d}(c_p \ln\theta) \tag{A42}$$

即

$$s = c_p \ln\theta + \mathrm{const} \tag{A43}$$

式(A43)将位温和熵联系起来了,位温越高,熵越大。干绝热过程是可逆的,$\theta$ 为常数,$s$ 也为常数。因此,干绝热过程也是等熵过程。在天气分析中常用等位温线(等熵线)和等熵面(也就是等位温面)来描述大气绝热过程中的热力状态。

### A3.2.3　干绝热直减率

干空气块与未饱和湿空气块作绝热升降运动时,气块温度随高度的变化用干绝热直减率来描述。即指气块绝热上升(或下沉)单位距离(通常为 100 m),温度降低(或升高)的数值 $\gamma_\mathrm{d}$,记为 $\gamma_\mathrm{d} = -\dfrac{\mathrm{d}T_i}{\mathrm{d}z}$。

由于绝热(满足气块假设之条件 1,见第 2.1 节),且气块满足热力学第一定律,式(A32)可写成

$$\frac{\mathrm{d}T_i}{T_i} = \frac{R_\mathrm{d}}{c_p} \frac{\mathrm{d}p_i}{P_i} \tag{A44}$$

其次满足准静力平衡条件(气块假设之条件 2),即任一时刻 $p_i = p_\mathrm{e}$,所以 $p_i + \mathrm{d}p_i = p_\mathrm{e} + \mathrm{d}p_\mathrm{e}$。式(A44)改写为

$$\frac{\mathrm{d}T_i}{T_i} = \frac{R_\mathrm{d}}{c_p} \frac{\mathrm{d}p_\mathrm{e}}{P_\mathrm{e}} \tag{A45}$$

将环境空气的静力方程 $\dfrac{\mathrm{d}p_\mathrm{e}}{\mathrm{d}z} = -\rho_\mathrm{e} g$(气块假设之条件 3,见第 2.1 节)和状态方程 $p_\mathrm{e} = \rho_\mathrm{e} R_\mathrm{d} T_\mathrm{e}$ 代入式(A45),得

$$\frac{\mathrm{d}T_i}{T_i} = \frac{R_\mathrm{d}}{c_p} \left( \frac{-\rho_\mathrm{e} g \, \mathrm{d}z}{\rho_\mathrm{e} R_\mathrm{d} T_\mathrm{e}} \right) = -\frac{g}{c_p T_\mathrm{e}} \mathrm{d}z \tag{A46}$$

即

$$\frac{\mathrm{d}T_i}{\mathrm{d}z} = -\frac{g T_i}{c_p T_\mathrm{e}} \tag{A47}$$

当用绝对温标表示时,因为 $T_i \approx T_\mathrm{e}$,所以

$$\gamma_\mathrm{d} = -\frac{\mathrm{d}T_i}{\mathrm{d}z} \approx \frac{g}{c_p} \tag{A48}$$

$$\gamma_{\mathrm{d}} = \frac{g}{c_p} = \frac{9.81 \text{ m/s}^2}{1004 \text{ J/(kg} \cdot \text{K)}} = \frac{9.81 \text{ m/s}^2}{1004 \text{ kg} \cdot \text{m}^2/(\text{s}^2 \cdot \text{kg} \cdot \text{K})} = 0.98 \text{ ℃/(100 m)}$$

实际工作中，一般取 $\gamma_{\mathrm{d}} = 1 \text{ ℃/(100 m)}$。

应当注意，$\gamma_{\mathrm{d}}$ 是气块在作干绝热升降运动时，气块温度随高度的变化率，基本是一常数。而气块四周环境空气(气层)的温度随高度的变化率(称为垂直温度直减率)，可以从无线电探空仪测量的数据求得，定义为 $\gamma = -\dfrac{\partial T}{\partial z}$，注意它是局地变化量，其值可能大于 $\gamma_{\mathrm{d}}$，也可能小于或等于 $\gamma_{\mathrm{d}}$，并随高度变化，不是一个常数。

### A3.2.4 干绝热线(结合 *T*-ln*p* 图)

气块在作垂直运动时，其温度随高度的变化曲线为状态曲线。干绝热过程的状态曲线称为干绝热线。环境空气温度随高度的分布曲线，称为层结曲线。

干绝热线又称为等位温线或等熵线，它表示干空气(或未饱和湿空气)在绝热升降过程中的状态变化曲线。在温度对数压力图中为黄色斜的实线，每隔 10 ℃ 标出位温的值(具体参见第 1.2.2 节)。

由于对某一条干绝热线而言，也是等位温线，根据位温公式 $\theta = T\left(\dfrac{p_0}{p}\right)^k$，对于任一等 $\theta$ 线而言，该线上 $T$ 和 $p$ 的关系为

$$\ln\left(\frac{p_0}{p}\right) = -\frac{c_p}{R_{\mathrm{d}}}(\ln T - \ln \theta) \tag{A49}$$

这是 *T*-ln*p* 图上等 $\theta$ 线方程。对该方程取 $\left(\dfrac{\partial}{\partial T}\right)_\theta$，可得到等 $\theta$ 线的斜率为

$$\left[\frac{\partial \ln\left(\dfrac{p_0}{p}\right)}{\partial T}\right]_\theta = -\frac{c_p}{R_{\mathrm{d}}T} \tag{A50}$$

在通常的气温范围内，用绝对温标表示时，$\dfrac{1}{T}$ 近似为常值，因此，*T*-ln*p* 图上的干绝热线可以近似地看成是直线，向左上方倾斜。等 $\theta$ 线与 $p_0 = 1000$ hPa 线的交点温度 $T_0$ 与 $\theta$ 值相等，$T_0$ 就是等 $\theta$ 线所标的位温值。

## A3.3 湿度参数

### A3.3.1 水汽压(water vapour pressure)

道尔顿分压定律指出：一种混合气体施加的总压强，等于混合气体中的每一种气体单独充满混合气体总体积时产生的压强之和。

水汽压是水汽的分压强，一般用 $e$ 表示。

### A3.3.2 饱和水汽压(saturation vapour pressure)

假定有一封闭的绝热容器，内部装有温度为 $T$ 的纯水。假设最初容器中的空气是完全干燥的，水将因此开始蒸发。在蒸发过程中，容器空气中的水汽分子数目增加，水汽压也增加。当水汽压增加时，由汽相凝结返回液相的水汽分子也增加。这样，在水体表面，有的液态分子离开水面成为水汽分子，有的水汽分子撞击水面并被水面吸附称为液态。这样凝结和蒸发同时发生。如果凝结率低于蒸发率，那么称该容器中的空气在温度 $T$ 时是未饱和的。当凝结和

蒸发达到同一速率时,将处于平衡状态。此时干空气和水汽的温度等于液态水的温度,且没有水分子从一个相态区转移到另一个相态区去的净变化。这时液面上方的空气便处于饱和状态。这种情况下的水汽分压就称为饱和水汽压。饱和水汽压其实是平衡水汽压,即对于平的纯水面而言,凝结率等于蒸发率。

当说到"空气中的水汽是饱和的""空气不能持有更多的水汽""暖空气可以比冷空气持有更多的水汽"这样的话时,容易使人误解为空气像海绵一样吸收水汽。液相和汽相之间水分子的交换与空气的存在与否无关。更严格地说,当在某一给定温度下,水汽与液态水处于平衡时,由水汽施加的压强称为"平衡水汽压",比称为在此温度下的饱和水汽压更合适。但是由于"未饱和空气"和"饱和空气"这些表达已经根深蒂固,所以继续沿用。

人们发现饱和水汽压仅与温度有关,即 $e_s = e_s(T)$。饱和水汽压$(e_s)$随温度$(T)$变化的关系可用克劳修斯－克拉珀龙方程(Clausius-Clapeyron Equation)来描述。

$$\frac{de_s}{dT} = \frac{\phi_2 - \phi_1}{\alpha_2 - \alpha_1} = \frac{L_v}{T(\alpha_2 - \alpha_1)} \tag{A51}$$

其中,$\phi_1$ 和 $\phi_2$ 为熵,$\alpha_1$ 和 $\alpha_2$ 为比容,下标 2 表示气态,下标 1 表示液态,$L_v$ 为汽化潜热。在一般的大气条件下,$\alpha_2 \gg \alpha_1$。因此,式(A51)可以简化为

$$\frac{de_s}{dT} = \frac{L_v}{T\alpha_2} = \frac{L_v e_s}{R_v T^2} \tag{A52}$$

实验测得 $L_v$ 是 $T$ 的近似线性递减函数,可以写为

$$L_v = L_{v0} - bR_v(T - T_0) \tag{A53}$$

其中,$T_0 = 273.15$ K,$T_0$ 对应的汽化潜热为 $l_0 = 2500.8 \times 10^3$ J/kg,实验常数 $b = 4.9283$,$bR_v = 2274.4$ J/(kg·K)。

式(A52)改写为

$$\frac{de_s}{dT} \approx \frac{e_s}{R_v T^2}[L_{v0} - bR_v(T - T_0)] \tag{A54}$$

令 $a = (L_{v0} + bR_v T_0)/R_v = 6764.9$ K,

对式(A54)从 $T_0$ 和 $e_{s0}$ 积分,其中 $T_0 = 273.15$ K,$e_{s0} = 6.11$ hPa,得

$$\ln\frac{e_s}{e_{s0}} = a\left(\frac{1}{T_0} - \frac{1}{T}\right) + b\ln\frac{T_0}{T} \tag{A55}$$

整理可得

$$\ln e_s + \frac{a}{T} + b\ln T = \text{const} \tag{A56}$$

A3.3.3  水汽密度(vapour density)

水汽密度$(\rho_v)$:表示绝对湿度,即单位体积湿空气中所含水汽的质量。

A3.3.4  混合比(mixing ratio)

混合比$(w)$:一定体积湿空气中,水汽质量$(m_v)$与干空气质量$(m_d)$之比,常用 1 kg 干空气中水汽的克数表示(g/kg)。

$$w = \frac{m_v}{m_d} \tag{A57}$$

如果既无凝结也无蒸发($m_v$ 不变),气块的混合比为常数。

对于温度为 $T$，气压为 $p$ 的湿空气而言，水汽和干空气的分密度分别是 $\rho_v = \dfrac{e}{R_v T}$，

$\rho_d = \dfrac{p-e}{R_d T}$。

$$w = \frac{m_v}{m_d} = \frac{m_v/V}{m_d/V} = \frac{\rho_v}{\rho_d} = \frac{e}{p-e} \frac{R_d}{R_v} = \varepsilon \frac{e}{p-e} \tag{A58}$$

其中，$\varepsilon \approx 0.622$。由于水汽压很小，与总压强相比可以忽略。例如，对于混合比是 5.5 g/kg 的水汽，总压强为 1026.8 hPa，水汽压 $e$ 为 9.0 hPa。即 $p \gg e$，因此混合比可以近似为

$$w \approx \varepsilon \frac{e}{p} \tag{A59}$$

**A3.3.5  饱和混合比（saturation mixing ratio）**

饱和混合比（$w_s$）：相对于纯净的平水面饱和的一定体积空气中，水汽质量（$m_{vs}$）与干空气质量（$m_d$）之比。也就是

$$w_s = \frac{m_{vs}}{m_d} \tag{A60}$$

$$w_s = \frac{m_{vs}}{m_d} = \frac{m_{vs}/V}{m_d/V} = \frac{\rho_{vs}}{\rho_d} = \frac{e_s}{p-e_s} \frac{R_d}{R_v} \tag{A61}$$

由于 $p \gg e_s$，故

$$w_s \approx \varepsilon \frac{e_s}{p} \tag{A62}$$

**A3.3.6  比湿（specific humidity）**

比湿（$q$）：单位质量湿空气内的水汽质量，常用单位 g/kg，或者 $10^{-3}$ kg/kg，属绝对湿度。

$$q = \frac{m_v}{m} \tag{A63}$$

因为

$$q = \frac{m_v}{m} = \frac{m_v/m_d}{(m_v+m_d)/m_d} = \frac{w}{1+w} \tag{A64}$$

$w$ 的量值只有百分之几，$w \ll 1$，所以

$$q \approx w \tag{A65}$$

比湿还可以写为

$$q = \frac{m_v}{m} = \frac{m_v/V}{(m_v+m_d)/V} = \frac{\rho_v}{\rho_d+\rho_v} = \varepsilon \frac{e}{p-(1-\varepsilon)e} \tag{A66}$$

因为 $p \gg e$，所以

$$q \approx \varepsilon \frac{e}{p} \tag{A67}$$

可见，比湿与体积无关。

**A3.3.7  饱和比湿（saturation specific humidity）**

饱和比湿分别用 $q_s$ 来表示，将 $e_s = e_s(T)$ 代入式（A66）即可。

$$q_s = \varepsilon \frac{e_s}{p-(1-\varepsilon)e_s} \tag{A68}$$

即

$$q_s = \frac{0.622e_s}{p - 0.378e_s} \tag{A69}$$

$e_s$ 只与 $T$ 有关，可见 $q_s$ 是 $p, T$ 的函数，与空气中的实际水汽含量无关。

式（A69）可改写为 $p = \frac{(0.622 + 0.378q_s)}{q_s}e_s$，其等价形式为

$$\ln p = \ln e_s + \ln(0.378 + 0.622/q_s)$$

$$\ln \frac{p_0}{p} = -\ln e_s + \ln\left(\frac{p_0}{0.378 + 0.622/q_s}\right) \tag{A70}$$

根据式（A56）$\ln e_s + \dfrac{a}{T} + b\ln T = \text{const}$，其中 $a \approx 6764.9, b = 4.9283$。上式可以改写为

$$\ln \frac{p_0}{p} = \frac{a}{T} + b\ln T + \ln\left(\frac{p_0}{0.378 + 0.622/q_s}\right) - \text{const} \tag{A71}$$

这就是 $T\text{-}\ln p$ 图上等 $q_s$ 线的方程，取偏导 $\left(\dfrac{\partial}{\partial T}\right)_{q_s}$，可得到等 $q_s$ 线的斜率为

$$\left[\frac{\partial \ln \frac{p_0}{p}}{\partial T}\right]_{q_s} = -\frac{a}{T}\left(\frac{1}{T} - \frac{b}{a}\right) \tag{A72}$$

在大气常温范围内，以 K 为单位的 $T < a/b$，即 $1/T > b/a$，$1/T$ 的变化很小而可以近似看成为常量，因此，在任一条等 $q_s$ 线上，$y(\ln \frac{p_0}{p})$ 是 $x(T)$ 近似的递减函数，任一等 $q_s$ 线是向左上方倾斜的近似直线。

在近似情况下，$q_s \approx \varepsilon \dfrac{e_s}{p}$，因此，等 $q_s$ 线也是等 $w_s$ 线。

注意：$q_s$ 和 $w_s$ 都只与气压和温度有关，与空气中的水汽含量无关。

**A3.3.8　相对湿度（relative humidity）和露点温度（dew point temperature）**

相对湿度（RH）：混合比与相应的饱和混合比之比，以百分率表示

$$\text{RH} = 100\frac{w}{w_s} \approx 100\frac{e}{e_s} \tag{A73}$$

露点温度（$T_d$）：不改变气压（$p$）和混合比（$w$）（既无凝结也无蒸发）的情况下，湿空气冷却到相对于平纯水面而言达到饱和时的温度，$T_d \leqslant T$。显然，在露点温度下，湿空气的混合比等于饱和混合比 $w = w_s$。因此，相对湿度可以表示为

$$\text{RH} = 100\frac{w_s（温度为 T_d，压强为 p 时）}{w_s（温度为 T，压强为 p 时）} \tag{A74}$$

对于 RH>50% 的湿空气来说，RH 转化成 $T - T_d$ 的一个简单规则是：RH 每减少 5%（从 $T_d = T$ 开始，这是 RH=100%），$T_d$ 降低约 1 ℃。如，若 RH 为 85%，则 $T - T_d$ 约为 3 ℃。

## A3.4　湿绝热过程

### A3.4.1　抬升凝结高度（lifting condensation level，简称 LCL）

抬升凝结高度是指未饱和湿空气绝热抬升至相对于纯净的平水面饱和时所达到的高度。

未饱和湿空气被外力强迫抬升时，因为上升速度快，可以认为是绝热的。湿气块在绝热抬升过程中，一开始经历的是干绝热过程，水汽没有凝结也没有外界水汽的补充，因此比湿（$q$）、

混合比($w$)和位温($\theta$)保持不变,但是由于温度不断降低,饱和比湿却在逐渐变小。当气块的饱和比湿降到与气块实际比湿相等时,气块恰好达到饱和状态。在一般情况下,达到饱和状态时就可开始凝结。我们把这个未饱和湿空气绝热上升到刚达到饱和状态时的高度,称为凝结高度,用 $z_c$ 表示。由于气块上升主要是由于外力抬升作用引起,因此,又称为抬升凝结高度。在此高度上,气块的温度等于露点温度。

抬升凝结高度的近似计算公式为

$$z_c = 124(T_0 - T_{d0}) \tag{A75}$$

其中,$T_0$ 和 $T_{d0}$ 分别为起始高度上的气温和露点温度。可见 $z_c$ 与气块在起始高度时的温度露点差成正比。上式可以计算当地生成的对流云的云底高度,但需要订正。这是因为气块在上升过程中并不是严格绝热的,$T_0 - T_{d0}$ 在一天内的变化可以达几度,不易选择恰当的数值,而且气块起始高度也不一定都在地面,由上式计算的云底高度与实测高度有时相差很大,未经订正的只做参考。

### A3.4.2 潜热(latent heat)

温度不发生变化,物质发生相变时吸收或放出的热量叫作"潜热"。物质由低能状态转变为高能状态时吸收潜热,反之则放出潜热。例如,液体沸腾时吸收的潜热一部分用来克服分子间的引力,另一部分用来在膨胀过程中反抗大气压强做功。溶解热、汽化热、升华热都是潜热。潜热的量值常常用单位质量的物质或用每摩尔物质在相变时所吸收或放出的热量来表示。

汽化或蒸发潜热定义为单位质量物质由液相转化为汽相而温度不变时所需的热量。对于水来说,1 atm 和 100 ℃时,汽化潜热为 $2.25 \times 10^6$ J/kg。在相同的气压和温度下,凝结潜热值与蒸发潜热值相等,表示从汽相变为液相时释放的热量。注意,在不同压力和温度下,汽化潜热的值是不同的。

汽化潜热随温度升高而减小,因为在较高温度下液体分子具有较大动能,液相与气相差别减小。在临界温度下,物质处于临界态,气相与液相差别消失,汽化热为 0。

### A3.4.3 饱和湿空气的绝热过程

当一未饱和湿空气上升时,其温度变化遵循干绝热直减率,随着高度而降低,当达到抬升凝结高度后变成饱和湿空气。进一步上升将凝结出液态水(或凝固出冰晶),并释放潜热。

为了研究方便,讨论饱和湿空气块在绝热上升过程中可能出现的两种极端情形。一种是气块绝热上升时产生的凝结物全部留在气块内,随气块一起上升,当气块从上升运动转为下降时,绝热增温引起水滴蒸发,以维持气块的饱和状态。由于气块上升过程中水汽凝结释放的潜热与气块绝热下降过程中水滴蒸发吸收的潜热相等,因此,气块绝热上升时的减温率和气块绝热下降时的增温率相等。该过程是可逆的,称为可逆湿绝热过程(reversible moist adiabatic process)。这种极端情形相当于只有云而无降水。

另一种情况是认为气块上升时所产生的全部凝结物立即掉出气块,这样,当气块从上升转为下沉时,绝热增温使得气块呈不饱和状态。由于气块上升过程是湿绝热过程,下沉时为干绝热过程,因此,当气块下降到原来起始高度时,温度比原来的高。该过程是不可逆的,而且,由于凝结物脱离了气块,气块与外界发生了能量交换,不是严格绝热的,因此认为气块经历了一次假绝热过程(pseudo-adiabatic process)。这种极端状况相当于全是降水而没有云。焚风是假绝热过程的例子。

实际大气中发生的湿绝热过程,介于可逆湿绝热过程和假绝热过程之间,即部分凝结物脱离气块,部分凝结物留在气块内随气块上升,这相当于既有云也有降水的情况。

**A3.4.4 湿绝热垂直减温率**

饱和湿空气上升(或下降)单位距离(常取 100 m)温度降低(或升高)的数值,称为湿绝热垂直减温率或湿绝热直减率,以 $\gamma_s$ 表示。

下面推导 $\gamma_s$ 的计算公式

取 1 kg 饱和湿空气,其中含 $q_s$ 水汽,$1-q_s$ 的干空气。设在起始高度 $z$ 处压强为 $p_i$,温度为 $T_i$,饱和比湿为 $q_s$,上升到 $z+dz$ 高度处,压强变为 $p_i+dp_i$,温度为 $T_i+dT_i$,饱和比湿为 $q_s+dq_s$,凝结出 $dq_s$ 的水,放出潜热 $Ldq_s$。

在静力平衡条件下,$p_i=p_e$,$p_e$ 为起始高度气块外界环境空气的压强。则

$$p_i+dp_i=p_e+dp_e \tag{A76}$$

根据热力学第一定律,及 $dq=-L_v dq_s$,得

$$c_{pm}dT_i-R_m T_i \frac{dp_e}{P_e}=-L_v dq_s \tag{A77}$$

其中,$c_{pm}=c_p(1+0.84q_s)$ 是湿空气的定压比热,$R_m=R_d(1+0.608q_s)$ 是湿空气的比气体常数,由于 $q_s$ 远小于 1,一般可以取 $c_{pm}\approx c_p$,$R_m\approx R_d$,因此

$$dT_i=\frac{R_d T_i}{c_p}\frac{dp_e}{P_e}-\frac{L_v dq_s}{c_p} \tag{A78}$$

因为环境空气满足 $\frac{dp_e}{dz}=-\rho_e g$ 和 $p_e=\rho_e R_d T_e$,因此,将 $\frac{dp_e}{P_e}=-\frac{g}{R_d T_e}dz$ 代入上式,

$$\begin{aligned}dT_i&=\frac{R_d T_i}{c_p}\left(-\frac{g}{R_d T_e}dz\right)-\frac{L_v dq_s}{c_p}\\&=-\frac{gT_i}{c_p T_e}dz-\frac{L dq_s}{c_p}\end{aligned} \tag{A79}$$

可以近似认为 $\frac{T_i}{T_e}\approx 1$,则

$$\gamma_s=-\frac{dT_i}{dz}=\frac{g}{c_p}+\frac{L_v}{c_p}\frac{dq_s}{dz} \tag{A80}$$

所以

$$\gamma_s=\gamma_d+\frac{L_v}{c_p}\frac{dq_s}{dz} \tag{A81}$$

当饱和湿空气上升时,$dz>0$,发生凝结 $dq_s<0$,(下降时两者的符号相反),因此,$\frac{L_v}{c_p}\frac{dq_s}{dz}<0$,$\gamma_s<\gamma_d$。

$\gamma_s$ 不是常数,而是由压强和温度共同决定。其数值范围,在 $\frac{dq_s}{dz}$ 很大的近地面暖湿气团中,饱和气块下降较慢,约 0.4 ℃/(100 m),在对流层中部代表性数值是 0.6~0.7 ℃/(100 m)。在干冷的对流层上部,由于湿度小,凝结影响可以忽略,故 $\gamma_s$ 几乎与 $\gamma_d$ 相等。在 $T\text{-}\ln p$ 图上,湿绝热线是绿色虚线,他们向上发散并趋于与干绝热线平行。

**A3.4.5 假相当位温**

在干绝热过程中,位温守恒,但是湿绝热过程中,由于潜热释放(或蒸发耗散),位温不守

恒。为了既考虑气压的影响,又考虑潜热的影响,可引入假相当位温($\theta_{se}$)和假湿球位温($\theta_{sw}$)的概念。由于$\theta_{se}$和$\theta_{sw}$在干湿过程中都守恒,所以用途比位温更加广泛,常用它们分析气团、锋及气层的稳定性。

湿空气绝热上升到水汽全部凝结降落后,再沿着干绝热线下降到 1000 hPa 时所具有的温度称为假相当位温($\theta_{se}$)(欧美国家常称为相当位温,记为$\theta_e$,potential equivalent temperature)。

下面推导其表达式。

假设未饱和湿空气块在起始高度上的气压、温度、比湿、露点温度分别是$p$,$T$,$q$,$T_d$。先按照干绝热过程上升到抬升凝结高度($z_c$),此时温度为$T_c$,比湿为$q_c = q_s = q$,位温$\theta_c = \theta = T\left(\dfrac{1000}{p}\right)^k$。然后该饱和气块从凝结高度($z_c$)按照湿绝热线继续上升,直到所含的水汽全部凝结,并脱离气块时,比湿$q = 0$,位温$\theta = \theta_{se}$。根据式(A40),即

$$\frac{d\theta}{\theta} = \frac{dq}{c_p T}$$

湿绝热过程中,将$dq = -L_v dq_s$(有的书上是$dq = -L_v dw_s$)代入上式

$$\frac{d\theta}{\theta} = \frac{-L_v dq_s}{c_p T} \tag{A82}$$

由于湿绝热过程中,气块的饱和比湿$q_s$的变化远大于$L_v$和$T$,因此上式可以近似写为

$$\frac{d\theta}{\theta} = \frac{-L_v}{c_p} d\left(\frac{q_s}{T}\right) \tag{A83}$$

如果气块在$z_c$处的状态为$(\theta, q_s)$,经假绝热过程后的状态为$(\theta_s, 0)$,将式(3.53)从$z_c$积分到水汽完全凝结完的高度,有

$$\theta_{se} = \theta \cdot \exp\left(\frac{L_v q_s}{c_p T_c}\right) \tag{A84}$$

由此可知,假相当位温($\theta_{se}$)不仅考虑了气压对温度的影响,也考虑了水汽对温度的影响。所以$\theta_{se}$在干、湿绝热过程中都是守恒的。一般求假相当位温,并不要求气块真正地经历上述假绝热过程,而是假想它经历了上述过程,然后求值。可以直接在*T-ln$p$*图中查得。

首先简单回顾假相当位温的概念。假相当位温是湿空气通过假绝热过程将其水汽全部凝结降落后所具有的位温。在*T-ln$p$*图上可以这样表示:未饱和湿空气块先沿着干绝热线上升至抬升凝结高度(LCL),然后沿着湿绝热线上升直到气块内水汽全部凝结(即湿绝热线与干绝热线几乎平行),再按干绝热下沉到 1000 hPa 处,此时气块所具有的温度称为该气块的假相当位温,通常以$\theta_{se}$表示。在假相当位温中,不仅考虑了气压对温度的影响,也考虑了水汽的凝结和蒸发对温度的影响。它实际上是把温度、气压、湿度包括在一起的一个综合物理量。对于干绝热、湿绝热、假绝热过程,同一气块的$\theta_{se}$都保守不变。$\theta_{se}$的这一特性常被用来鉴别气团,因为气团在移动中,其$\theta_{se}$等于常数。

A3.4.6 假湿球位温

湿空气按照干绝热上升,达到抬升凝结高度后遵循湿绝热过程下降到 1000 hPa 时所具有的温度称为假湿球位温($\theta_{sw}$)。一般求$\theta_{sw}$,并不要求气块真正地经历湿绝热过程下降到 1000 hPa,而是假想它经历了上述过程,即假想气块在下降时由外界补充水分以供蒸发,使得气块始终保持饱和状态,其目的是最大限度地考虑蒸发耗热对气块温度的影响。

$\theta_{sw}$ 在干绝热、湿绝热过程中都是守恒的。可以直接在 $T\text{-}\ln p$ 图中查得。

### A3.4.7   湿绝热线

湿绝热过程的状态曲线称为湿绝热线。湿绝热线一般为假湿绝热线,由于假相当位温 ($\theta_{se}$)在假湿绝热过程中守恒,因此 $T\text{-}\ln p$ 图上的湿绝热线也称等假相当位温线。

# 附录 B  中尺度天气系统简介

大气环流极为复杂,它包含了多种时空尺度的运动系统。小的如微扰动涡旋,只有 10～100 m,持续时间仅几秒至十几分钟;大的如行星波,可达到 10000 km,持续数天。大气演变是多尺度大气运动相互作用的结果。对天气有直接影响的运动系统(天气系统)在 100(如龙卷)～10000 km。

不同尺度的系统具有不同的物理性质,为了便于研究,有必要将他们分类。本章首先介绍中尺度的概念和不同的尺度分类方法,之后与大尺度天气系统对比,阐明中尺度天气系统的基本特征。

## B1  中尺度的概念及分类

在大气科学研究中,可以从多个角度和利用不同的方法对天气系统进行分类。

从观测角度来看,对于天气系统,经典的分类为大尺度、中尺度和小尺度 3 类。人们根据长期的单站观测和常规天气图分析,很早就明确提出了小尺度和大尺度的概念。用单站观测到的积云单体是小尺度现象。从天气图上的常规观测网资料分析得到的是大尺度天气系统,如气旋、反气旋。而中尺度系统的概念则是经过细致的天气图分析,尤其是有了雷达等探测工具之后才建立起来的。"中尺度"的概念最早是 1951 年提出的(Byers et al.,1951),对于常规高空探测网(间隔几百千米)来说太小,以至于完全捕捉不到,而对单站雷达探测而言又太大(缺乏遥感能力),不能完全观测到。因此,中尺度的描述性定义为:时间尺度和空间尺度比常规探测网的时空密度小,但比积云单体的生命期及空间尺度大得多的一种尺度。

而在大气动力学中,一般通过大气内部的各种物理参数的大小,来区分大气现象的时空尺度。这些参数包括无量纲物理参数 $Ro$(罗斯贝数)、$Ri$(理查森数)、$Re$(雷诺数)等。通过这些参数的大小,可以反映作用于大气的各种基本作用力的相对大小,从而确定不同尺度大气运动的性质。

以罗斯贝数为例,它表示水平惯性力和科里奥利力的尺度之比。当 $Ro \gg 1$ 时,定义为小尺度运动,具有非静力平衡、忽略旋转和非地转平衡的基本运动性质;当 $Ro \ll 1$ 时,定义为大尺度运动,具有准静力平衡、旋转和地转平衡的基本运动性质;当 $Ro \sim 1$ 时,定义为中尺度大气运动,具有准静力平衡、旋转和非地转平衡的基本运动性质。

无论从观测还是理论分析的角度来看,中尺度的范围很广。考虑到不同的需要,各种尺度划分所提出的尺度界限并不一定一致,有的还有较大差别。究竟采用哪种方法,应当根据实际情况而定。

Orlanski 结合观测和理论,提出的尺度划分方法已被气象界广泛采用(Orlanski,1975)。我国常用的中尺度分类与 Orlanski 的分类法基本一致,因此这里主要介绍此分类方法。

按照 Orlanski 的方案,天气系统可以粗分为大尺度、中尺度、小尺度 3 类,其中大尺度可再分为 $\alpha$, $\beta$ 两类,中尺度和小尺度可以分别分为 $\alpha$, $\beta$, $\gamma$ 3 类。相邻两类的空间尺度相差一个数量级,共构成了 8 种尺度。

表 B1　Orlanski 的大气运动尺度的划分

| 大尺度 | | 中尺度 | | | 小尺度 | | |
|---|---|---|---|---|---|---|---|
| $\alpha$ 大尺度 | $\beta$ 大尺度 | $\alpha$ 中尺度 | $\beta$ 中尺度 | $\gamma$ 中尺度 | $\alpha$ 小尺度 | $\beta$ 小尺度 | $\gamma$ 小尺度 |
| >10000 km | 2000~10000 km | 200~2000 km | 20~200 km | 2~20 km | 200~2000 m | 20~200 m | <20 m |

按照这种划分方法,中尺度具有很宽的尺度(2~2000 km)。小至某些通常称为小尺度的系统(如雷暴单体等),大致通常称为大尺度的系统(如锋面、飓风或台风等)。强风暴天气系统的水平尺度一般为 20~200 km 的系统,属于 $\beta$ 中尺度系统,因此 $\beta$ 中尺度系统具有典型的中尺度特征。而 $\alpha$ 中尺度和 $\gamma$ 中尺度系统则分别兼有大尺度和小尺度的特性。

## B2　中尺度天气系统的基本特征

(1)空间尺度小

$\beta$ 中尺度系统的水平尺度($L$)为 20~200 km,而垂直尺度($H$)与大尺度系统一样,都为 10 km 左右。因此 $\beta$ 中尺度系统的 $H/L$ 形态比为 $10^{-1}$~$10^{0}$。

【对比】大尺度系统的 $H/L$ 形态比为 $10^{-2}$。

(2)生命史短

$\beta$ 中尺度系统的生命史一般在几个小时到十几小时,通常不超过 24 h(如飑线系统)。龙卷气旋只有几小时,雷暴单体甚至还不到 1 h。

【对比】大尺度系统生命史通常超过 12 h。

(3)要素场梯度大

中尺度系统的气象要素梯度大。气压梯度可达 1~3 hPa/km,温度梯度可达 3 ℃/(10km),露点温度梯度可达 1 ℃/(10km),甚至更大。中尺度系统过境时(如飑线),变压几乎可达 6 hPa/(15min),变温为 10 ℃/(15min)。

【对比】大尺度系统中,气象要素(温度、露点温度、气压)的梯度较小。即使在锋区附近,温度和气压的梯度也只是 1~10 ℃/(100km),1~10 hPa/(100km)。大尺度锋面过境时,气压变化为1~2 hPa/h。

(4)天气现象剧烈

由于气象要素的梯度大,中尺度系统产生的天气现象一般比较剧烈,如暴雨、特大暴雨、冰雹等往往都是与它们相联系,飑线中的阵风可达 10~100 m/s,龙卷大风甚至可达 100~200 m/s。

(5)垂直运动强

在中尺度系统中,垂直运动较强,量级可达 0.1~1 m/s。

【对比】大尺度运动中,垂直运动的量级为 0.01 m/s。

(6)不满足地转平衡

在中尺度系统中,加速度项与地转偏向力和气压梯度力具有相同的量级,属于三力平衡。因此在中尺度分析时,气压场和风场不满足地转平衡,风向和等压线常有交角,甚至存在风向与等压线相垂直的现象,即有风穿越等压线。

【对比】大尺度运动近于满足地转风平衡。

(7)不满足静力平衡

对于 $\alpha$ 中尺度系统而言,基本满足静力平衡。但是对于 $\beta$ 中尺度系统,尤其是 $\gamma$ 中尺度系统而言,静力平衡不满足。在强烈发展的对流云附近,静力学关系不适用。在云中,特别是上升气流和下沉气流强的地方,静力学关系更不能用。

【对比】大尺度运动一般满足静力平衡。

# 附录 C 深厚湿对流的分类及其发生发展的天气和环境条件

气象上定义的对流是指由于浮力作用导致的垂直方向热传输,分为干对流(没有云形成)和湿对流(有云形成)。湿对流包含了很宽的空间尺度,水平尺度可以从孤立湿对流到有组织的雷暴(有的达到几百千米尺度),按照垂直伸展尺度不同可以分为深(湿)对流和浅(湿)对流。一般将伴有雷电现象、不太强的湿对流称为雷暴,比较强的湿对流称为风暴,两者并没有本质区别。但有一些伸展高度很高的湿对流未必伴有雷电现象,也造成了强对流天气,因此后来将它们统称为深厚湿对流(deep moisture convection,DMC)。深厚湿对流在天气和气候中起着非常重要的作用。冰雹、雷暴大风、短时强降水、龙卷等强对流天气往往与有组织的深厚湿对流有关。(注:本书有时候混用深厚湿对流、雷暴、风暴)

## C1 深厚湿对流主要分类

深厚湿对流可以分为无组织的深厚湿对流(普通雷暴)和有组织的深厚湿对流(强雷暴或风暴)。普通雷暴的形成需要满足三要素,即水汽条件、不稳定条件和抬升条件。而有组织的深厚湿对流在三要素的基础上,还必须具有强的垂直风切变。深厚湿对流按照系统结构可以分为孤立(或局地)深厚湿对流(Isolated DMC)和中尺度对流系统(Mesoscale Convective System)两大类。下面将一一展开介绍。

### C1.1 孤立深厚湿对流

孤立深厚湿对流是指以个别单体雷暴、小的雷暴单体群以及某些简单的飑线等形式存在的对流系统。较大、较复杂的对流系统,如飑线、中尺度对流复合体等都是由孤立的深厚湿对流组成。了解孤立深厚湿对流的特性是了解中尺度对流系统的基础。

孤立深厚湿对流主要包括 3 种类型,即普通单体雷暴、多单体风暴和超级单体风暴,其中后两者又被称为局地强风暴。局地强风暴被认为是大气运动中最重要的中尺度环流。它的特殊性除了在于它们的猛烈和壮观,还在于它们常常和灾害联系在一起。局地强风暴是在特定的大气环境中发展起来的强大对流系统。其环境场最重要的特征是强的静力不稳定和强的垂直风切变。在这种环境中,对流充分发展,并进行组织化,形成庞大而高耸的积雨云体,并可以准稳定地持续较长时间,对人类活动构成威胁。

#### C1.1.1 普通单体雷暴

由一个对流单体构成的雷暴系统称为单体雷暴。这里的对流单体是指一个强上升区,满足:垂直速度$\geqslant 10$ m/s,水平范围为 $10\sim100$ km,垂直伸展几乎到对流层顶。多个单体雷暴成群或成带地聚集在一起称为雷暴群或雷暴带,其水平尺度可达数百千米。不同的雷暴以其出现的天气现象的强烈程度又分为普通雷暴(以闪电、雷鸣、阵风、阵雨为基本天气特征)和强雷暴(伴有强风、冰雹、龙卷等激烈的灾害性天气现象)。普通雷暴又有单体雷暴和雷暴群之分,其中的单体雷暴就是普通单体雷暴(简称单体雷暴)。

普通单体雷暴生命史的概念模型最早是由 Byers 等(1949)建立的。在 1946 年及 1947 年夏季,Byers 等在美国组织了雷暴的野外观测研究。他们利用雷达、站距 1 英里(约 1609.4 m)的观测网及 1～5 min 间隔的连续观测记录(即时空分辨率很高的记录),对雷暴的结构和发展过程作了细致的研究,建立了普通单体雷暴的生命史模式。

单体雷暴的发展经历了塔状积云、成熟和消散 3 个阶段(图 C1)。一个典型的对流单体的 3 个阶段约各经历 15～20 min,其整个生命史为 45 min 至 1 h。

在塔状积云阶段(图 C1a),云内为一致的上升气流,积云向上发展,呈现塔状。水平范围为 5～8 km,垂直伸展至 6 km。上升速度为 5～10 m/s,个别达 25 m/s。持续约 10 min,该阶段无雨或少雨,但是经常有闪电。在塔状积云后期,大量湿空气凝结,水滴和冰晶等水成物不断生成和增长,但不着地,下沉气流开始出现。

降水落地标志着成熟阶段的开始,这个降水可以是雨或雪(图 C1b)。上升气流更加强盛,云顶出现上冲突起。基本上水平范围和伸展高度都超过 10 km。由于降水质点对空气的拖曳作用,在对流单体的下部产生下沉气流。雨滴蒸发使得空气冷却,下沉气流沿着湿绝热线下降,由于受负浮力而加速。下沉气流到达地面时,形成冷池和水平外流,其前沿形成阵风锋。上升和下降气流共存时间长短决定了成熟阶段的持续时间。一般持续 10～20 min。该阶段伴有强降水,经常有闪电,强风。

到了消散阶段(图 C1c),云内的下沉气流占优势,最后下沉气流完全替换了上升气流。此时,降水减弱,有时有强风,仍然会有闪电。

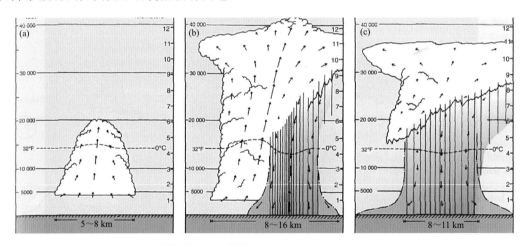

图 C1　单体雷暴生命史的示意图(Markowski et al.,2010)
(a)塔状积云阶段;(b)成熟阶段;(c)消亡阶段

C1.1.2　多单体风暴

事实上,自然界往往不是孤立的对流单体。有时,一个单体达到成熟阶段,而另一个单体还处于新生发展阶段。所以,从宏观看,整个积雨云系包含了几个单体,其生命史可维持数小时之久。多单体风暴造成的灾害性天气包括暴雨(洪水)、灾害性大风、中等尺寸的冰雹(强上升中心产生)、下击暴流、龙卷(一般较弱,生命期短暂,在阵风锋附近)等。

多单体风暴是由一些处于不同发展阶段的生命史短暂的对流单体组成的,具有统一环流的雷暴系统。虽然云内包含多个单体,但是整个风暴是一个整体。在多单体风暴中有一对明显的有组织的上升和下沉气流(图 C2)。这一点不同于多单体的一般雷暴群,雷暴群虽然也有由很多对流单体集合而成,但是这些对流单体之间相互独立,并不构成统一环流。

图 C2　多单体风暴的示意图

多单体风暴中,每个单体的外流结合起来形成阵风锋。沿着阵风锋的前沿有气流辐合。通常风暴移动方向上辐合最强。这种辐合促使沿着阵风锋附近有新的上升气流发展。这样一来,虽然每个单体的生命期不长,但是通过单体的连续更替,可以使整个风暴的生命期很长(图 C3)。

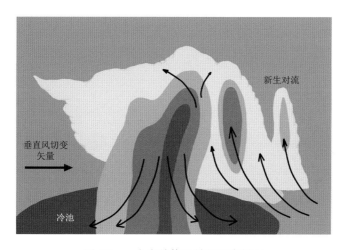

图 C3　一个多单体风暴的垂直剖面

多单体风暴呈现有组织的状态,这与新单体仅在一定的方向上出现有关。如果新单体出现在各个方向上,那么会呈现出无组织的状态。在有组织的多单体风暴中,每个单体大致沿着平均风的方向移动,这种运动被称为平流。同时,每个单体有自己的发展过程,在风暴某侧由新生单体所引发的风暴运动称为传播。传播方向常常是新单体生成的方向,常常为新的上升气流发展的方向。多单体风暴的运动方向是平流和传播的矢量合成(图 C4)。

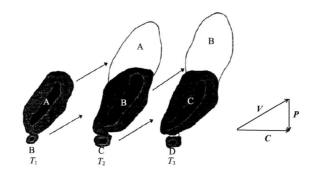

图 C4　多单体风暴的平流(**V**)、传播(**P**)和风暴运动(**C**)关系示意图
(示意图中,风暴中的对流单体向东北方向平移(**V**),新生单体周期性
地出现于风暴南侧(**P**),因此风暴总体运动方向(**C**)向东)

### C1.1.3　超级单体风暴

超级单体风暴是指直径超过 20～40 km,生命期达数小时以上的,比普通的成熟单体风暴更巨大、更持久、天气更猛烈的单体强雷暴系统。它具有近于稳定的、高度有组织的内部环流,并连续地向前传播,其移动路径可达数百千米。它一般是孤立的,有时也会嵌入飑线中。地面大风、大雹、暴雨、龙卷等常由超级单体风暴产生(郑永光 等,2016;Meng et al.,2018)。持久深厚的中气旋是超级单体风暴与其他强风暴的本质区别(俞小鼎 等,2006)。

雷达观测到的超级单体有以下主要回波特征:①有钩状回波和"V"型入流缺口(图 C5a)。②在剖面图上,有界弱回波区(bounded weak-echo region,BWER)、前悬回波和回波墙等特征(图 C5b)。BWER 附近的强回波柱是强的下沉气流所在地,可以与上升气流达到相同的量级。强降水(雨、雹)都发生在这里。

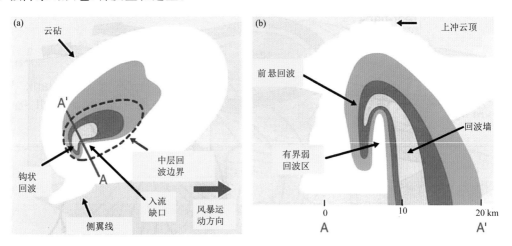

图 C5　超级单体的反射率因子特征示意图(a)低层(b)垂直剖面(Markowski et al.,2010)
(浅绿、深绿、黄色分别表示弱、中等、强的雷达反射率因子)

超级单体风暴一般发生在下列天气尺度环境中:强的不稳定层结、强的云下层平均环境风、强的垂直风切变、风向随高度强烈顺转。

### C1.1.4　龙卷风暴

产生龙卷的风暴系统称为龙卷风暴。这种风暴云十分高大并且有明显的旋转性。按照生成系统的不同,龙卷可分为两类,一类是超级单体风暴产生的龙卷,另一类是由非超级单体风暴产生的龙卷。大多数的强龙卷是超级单体产生的。超级单体风暴钩状回波附近的中尺度气旋是最容易产生龙卷的地方。因此这种气旋也被称为"龙卷气旋"或"龙卷巢"。

图 C6 表示龙卷型超级单体的地面结构特征。可见,在钩状回波处,地面由一个非常类似于天气尺度锢囚波动的中尺度波动。这是一个与地面中尺度气旋相联系的强烈环流。图中FFD 为风暴前侧的下沉气流区,RFD 为后侧下沉气流区,T 为龙卷位置。龙卷通常在钩状回波边缘上,在上升和下沉过渡带,但是在上升气流中。

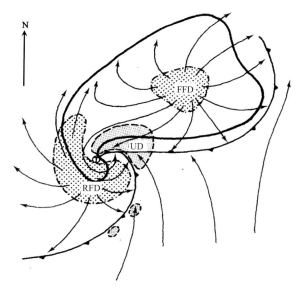

图 C6　龙卷型超级单体风暴地面结构的平面示意图(Lemon et al. ,1979)
(FFD 为风暴前侧的下沉气流区(Forward Flank Downdraft),RFD 为后侧下沉气流区
(Rear Flank Downdraft),UD 为上升气流所在位置,箭头线为相对于地面的流线。T 为
龙卷位置。标有锋符号处表示阵风锋位置)

有时一个超级单体风暴可以依次形成几个龙卷,造成"龙卷簇"。其原因是超级单体风暴中的中尺度气旋在一定条件下,会出现多次锢囚和新生过程。

龙卷本身是指从雷暴云底向下伸展及地的高速旋转的漏斗状云柱。它是一种猛烈的小型涡旋,平均直径约为 100 m,内部结构类似台风。它是一个小型低压,中心为下沉气流,四壁为上升气流(图 C7a)。龙卷中心的气压可以降低至 400 hPa,有的甚至到 200 hPa。水平气压梯度最大的地方,是距离中心 40~50 m 的区域,气压梯度为 2 hPa/m。而大尺度系统中,气压梯度为 1~2 hPa/100km,可见龙卷中水平气压梯度之大。

龙卷内层上升气流常自地面卷起沙尘或自水面卷起水滴。龙卷本身并不是最小的涡旋,在有些龙卷中会产生比它更小的涡旋,叫做"吸管涡旋",它们围绕龙卷中心旋转(图 C7b)。

龙卷是大气中最猛烈的对流风暴。它能在局地使得能量高度集中,因而破坏力极大。2019 年 7 月 3 日约 17—18 时,辽宁铁岭开原市出现罕见 EF4 级强龙卷,最终导致 7 人死亡、

190 余人受伤、9900 余人受灾，经济损失严重（张涛 等，2020）。

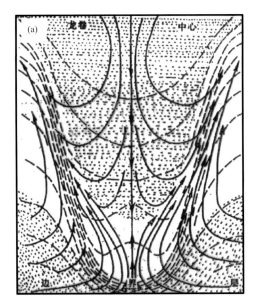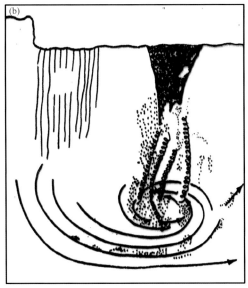

图 C7　龙卷漏斗中的气压场和垂直环流（a，虚线为等压线，箭头线为流线）；
一个带有吸管涡旋的龙卷的模型（b）（寿绍文 等，2008）

## C1.2　中尺度对流系统

大气中的对流性环流常常表现为非强烈的，它以普通积云对流的形式出现，有时伴有对流天气（阵雨或雷暴），一般情况下没有明显的强烈天气。但是，形成对流风暴的组织化积云对流是一类强烈的对流性环流，它由一个或多个积雨云组成，这种组织化常是中尺度型式，能持续制造出新的对流风暴，因此它们的水平尺度较普通雷暴大，生命史也较长，若干个对流风暴集合在一起，构成中尺度对流系统（Mesoscale Convective System，简称 MCS）。MCS 经常以对流复合体的形式出现。所谓"对流复合体"泛指由若干对流单体或对流系统及其衍生的层状云系所组成的对流系统。常见的如线（带）状对流系统和中尺度对流复合体。

### C1.2.1　带状对流系统

带状对流系统是由对流单体侧向排列而形成的中尺度对流系统。常见的有飑线和中尺度雨带。这里主要讨论温带（中纬度）飑线。

温带飑线通常发生在中纬度锋面附近，大致与锋面平行。长度几百千米，宽度为 $50\sim100$ km，生命史为几小时至十几小时。飑线引起的天气现象有暴雨、大风、冰雹、龙卷等，能量大，破坏力强，并且预报难度大（王秀明 等，2012a；雷蕾 等，2021；Zhang et al.，2021）。

飑线由许多雷暴单体（包括若干超级单体）侧向排列而形成。每个单体在成熟期都有地面冷池、水平外流和阵风锋。这些较小的系统结合起来便形成了中尺度雷暴高压和阵风锋。阵风锋处于雷暴高压的边缘，那里温度梯度、气压梯度大，风速和水平切变强，类似于锋的结构。飑线前方一般有中尺度低压，称为"飑线前低压"。雷暴高压后方也有中尺度低压，也称为"尾流低压"。由于飑锋附近各种气象要素水平梯度大，因此，飑锋过境时，气象要素发生剧烈变化。出现风向突变、风速急增、气压骤升、气温陡降的情形，飑线本身的积雨云消失后几小时，飑线系统的一部分仍能存在几小时。

飑线形成依赖于有利的大尺度环境条件,主要包括:大气层结为条件性不稳定、低层水汽丰富、高低层存在强风带(急流)、风向向上顺转、大气中具有某些动力机制以释放不稳定。

飑线是一种线状对流形态,其线状形态的形成可能与之前线性大气扰动有关。当一条线性扰动(如锋)接近一个不稳定区,并且移动速度快于不稳定区时,在不稳定区边界,就可能发生雷暴。当雷暴移动速度大于冷锋时,就会在锋前形成飑线。可以触发飑线的机制有:锋、海风锋、干线、重力波、地形抬升、热力抬升、低空急流、老的雷暴外流(弧状云线)、中小尺度系统以及大气对称不稳定等。

### C1.2.2　中尺度对流复合体

中尺度对流复合体(Mesoscale Convective Complex,简称 MCC)是一种近于圆形的中尺度对流系统。MCC 最开始是 20 世纪 80 年代从增强显示的卫星云图上识别出来的一种中 $\alpha$ 尺度的对流系统(Maddox,1980)。它由许多较小的对流系统,如塔状积云、对流群或 $\beta$ 中尺度飑线组合起来。它的突出特征是范围广、持续时间久、近于圆形的砧状云罩。MCC 引起的显著天气现象为局地大雨,MCC 成熟时表现为大范围的降水区,偶尔有强风暴发生。

MCC 的形成有一个过程,一般包括 4 个发展阶段:

①发生阶段。一些零散的对流系统在有利于对流发生地区开始发展,如具有层结条件性不稳定、底层辐合上升、地形的热力和动力抬升等的地区。

②发展阶段。各个对流系统的雷暴外流和飑锋逐渐汇合起来,形成较强的中高压和冷空气外流边界,迫使暖湿空气流入系统。由于外流边界和暖湿入流,使得系统前部的辐合增强,出现强对流单体,并形成平均的中尺度上升气流。云团形成并逐渐加大。

③成熟阶段。中尺度上升运动发展旺盛,高层辐散,低层辐合。典型 MCC 成熟阶段的特征表现为沿前缘有强风暴,尾部有大面积层状云降水。

④消亡阶段。MCC 冷空气丘变得很强,迫使辐合区远离对流区,暖湿入流被切断,强对流单体不再发展。MCC 逐渐失去中尺度有组织的结构。在红外云图上,云系变得分散和零乱。但还是可以看到一片近于连续的云砧。

由此可见,MCC 在其成熟阶段以前主要是强对流的发展阶段,成熟阶段以后则过渡到层状的减弱阶段。

为了便于识别,Maddox 对成熟阶段的 MCC 的物理特性做了如下规定:

①尺度:在红外卫星云图上,MCC 红外亮温低于 $-32$ ℃ 的云罩范围可达到或超过 100000 km²(接近四川盆地),红外亮温低于 $-52$ ℃ 的内部云区范围可达到或超过 50000 km²。

②开始时间:从①中的两个条件同时满足开始算起。

③持续时间:满足①尺度定义的时间至少能连续 6 h。

④形状:当冷云罩(IR 亮温低于 $-32$ ℃)的范围达到最大时,其偏心率(主轴长度/次轴长度)大于或等于 0.7。

⑤结束时刻:①中的两个条件不再满足之时刻。

可见,MCC 是一种生命史长达 6 h 以上,水平尺度大致上千千米的近于圆形的巨大云团。它的内部红外温度很低,表明云塔很高,经常可达十几千米。

在 Maddox 定义的基础上,张琪等(2021)参考我国有关研究成果,结合实际业务工作中的发现,将四川盆地 MCC 的判据定为:①≤221 K 冷云区面积≥5×10⁴ km²;②持续时间≥6 h;③冷云区的椭圆率≥0.7。以≤221 K 冷云罩面积≥5×10⁴ km² 作为标准来划分初生和成熟阶段,从出现 β 尺度云团至达到标准为初生阶段、自满足标准至 221 K 冷云罩面积最大时为成熟阶段。基于上述判据,张琪等(2021)利用高频次 FY-4A 数据资料,研究了四川盆地 2018 年中尺度对流复合体 MCC 初生和成熟阶段的卫星云图特征。

## C2 深厚湿对流发生发展的天气和环境背景

深厚湿对流与其环境条件有密切的联系。大尺度环境条件不但制约了对流系统的种类和演变过程,而且可以影响对流系统内部的结构、强度、运动和组织程度。例如,一般的雷暴发生在弱的垂直风切变、各层水汽含量较大的湿润环境中。而强风暴常常出现在强的垂直风切变、对流层中层干、下层湿润的环境中。在不同的大尺度环境中,深厚湿对流内部气流的结构、对流的强度和传播情况都有很大的差别。因此,有组织的深厚湿对流在大尺度环境中不是随机发生和分布的,而是发生在一定的地区和时间内。

关于深厚湿对流的大尺度天气学条件,已有较多的归纳。早在 20 世纪 40 年代中期,就提出了雷暴发生的三要素,即丰富的水汽、条件不稳定层结和将气块抬升到凝结高度的启动机制。但此三要素只是一般雷暴发生的条件。后来在大量研究的基础上,进一步提出了风暴发生的天气条件(丁一汇,2005),其中包括:①位势不稳定层结,并常有逆温层存在;②低层有湿舌或强水汽辐合;③有使不稳定释放的机制(如低空辐合区、重力波、密度流、地形等);④常有低空急流;⑤强的风切变;⑥中层有干冷空气等。上述这些条件只是必要条件,即在风暴发生发展时往往可以看到这种情况。但是在做预报时应该注意,即使出现了这些条件,强风暴也不一定产生。

表 C1 归纳了上述物理条件对强风暴发生发展的作用。其中,水汽、不稳定和上升运动(抬升)是强对流系统发生的基本条件。如果这 3 个条件满足可以出现雷暴甚至强雷暴。但是这种对流系统的生命期短暂。为了使得普通的短生命期雷暴转变为长生命期的强风暴,需要有强的环境风垂直风切变,因而垂直切变可称为转换条件。为使得强风暴能够强烈发展或增强,还必须处于有利的形势或地区,如高空辐散场下方和有利地形的作用等。这些条件可以叫做增强条件。如果具备了上述 3 个条件,就可能出现生命期长的强风暴系统。

表 C1 各种物理条件对风暴发生发展的作用

| 强风暴发生发展的条件 | 基本条件 | 水汽(湿舌、低空急流等) | 生命期短的雷暴或强雷暴 |
|---|---|---|---|
| | | 不稳定(低空急流、逆温层、中层干冷空气) | |
| | | 上升运动(低空急流、低空辐合、边界层非均匀加热、重力波、密度流、弧状云线、海陆风、地形等) | |
| | 转换条件 | 强垂直切变(>2.0×10⁻³/s) | 长生命期的风暴或强风暴 |
| | 增强条件 | 高空辐散(高空急流出口区左侧等) | 长生命期的强风暴 |
| | | 地形 | |

强风暴系统与大尺度条件之间的关系在风暴发展的不同阶段,其相互依赖和相互作用的程度是不同的。在风暴发生的初期,主要决定于大尺度环境的作用。但是强风暴组织起来以

后,对流风暴发展到具有很高的能量密度时,大尺度环境条件不但失去了对其制约作用,反过来还会受到对流风暴的影响。

下面将围绕有利于中尺度对流系统发生发展的天气和环境背景,分别从基本条件、转换条件和增强条件逐一展开。

## C2.1 基本条件

### C2.1.1 水汽辐合和湿舌

风暴云内部含有大量的水分,其水分是由上升气流从大气低层向上输送的。为了使强对流系统得以发展和维持,必须有丰富的水汽供应,这是风暴的主要能量来源。所以,风暴常形成于低层有湿舌或强大水汽辐合的地区。据统计,相比普通单体风暴,超级单体和多单体风暴的形成需要更大的低层水汽含量。

应当注意,产生不同天气现象的风暴,对水汽含量的要求是不同的。对于产生短时强降水的风暴,仅仅靠风暴柱内包含的水分是不够的,产生强降水的风暴,尤其是一些强风暴的降水率非常高,每小时可达 100 mm 甚至更多,而即使气柱内的水汽全部降落也只能达到 50～70 mm 的降水。因而必须有水汽不断地从周围供应到风暴内部。但是,对于以降雹或雷暴大风等天气为主的风暴,则对水汽的要求相对要小。因为如果低层的水汽含量过大,在对流云发展早期,云内就会有大量的水汽凝聚,形成雨滴而降落,从而阻碍上升气流的进一步发展。这可能是热带海洋地区多雷阵雨和对流性暴雨,而很少降雹的原因之一。

根据水分收支方程,风暴的降水主要是水汽辐合造成的,公式为

$$P = -\frac{1}{g}\int_{0}^{p_0} \nabla \cdot (q\boldsymbol{V})\mathrm{d}p \tag{C1}$$

所谓水汽辐合,就是水平输送到该区的水汽大于水平输出该区的水汽。根据许多暴雨和强对流系统个例的研究表明,水汽的辐合主要是由低层水汽辐合造成的,尤其是 800 hPa 以下的边界层中占很大的比重,可达 1/2 以上。随着风暴的发展,辐合层上升。因而边界层水汽输送对风暴的发展有十分重要的意义。水汽水平辐合轴一般与强对流轴线一致。

式(C1)中的 $\nabla \cdot (q\boldsymbol{V})$ 可以进一步展开为

$$\nabla \cdot (q\boldsymbol{V}) = \boldsymbol{V} \cdot \nabla q + q\nabla \cdot \boldsymbol{V} \tag{C2}$$

从式(C2)可以看到,某地、某一层的水汽辐合量主要受到水汽平流项(右端第一项)和散度项(右端第二项)的共同影响。在水汽辐合场的形成过程中,主要是由风的辐合造成的,特别是低层风的辐合。而由于水汽场相对比较均匀,因此水汽平流并不是一个重要因子,但是不等于水汽平流的分析可以忽略。

为了供应一暴雨区所需的水分,所要求的辐合区是相当大的。据估计,应达到暴雨区本身面积的 10 倍或以上。一个孤立的大雷暴须从很远的地方吸取水汽。因此,在水平和垂直方向上呈均匀分布的一个气团只能产生一定数量的对流风暴。

在风暴发展的前期经常观测到明显的湿区或水汽辐合区。低层水汽辐合经常可以造成一条明显的湿舌,这在中低层天气图分析时常常可以看到。湿舌实际上是对流层低层一条狭窄的暖湿空气带。也是一条高静力能量舌。在 850 hPa 和 700 hPa 上尤为明显。湿舌的形成一般是用水汽的平流过程来解释的。在暴雨前期,低空西南或偏南气流加强,出现明显的向北的水汽输送,水汽含量增加,结果暖湿空气带不断向北发展。如果其上有逆温层存在,湿空气可

在其下向北扩展。尤其是湿的低空急流的建立对于湿舌的形成和向北发展起着非常重要的作用。随着湿舌的建立,湿层的厚度也在迅速增加,且在更高的层次上形成湿舌。这种情况不能用平流作用解释,而与大尺度上升运动区和中尺度上升区有关。

湿舌与暴雨和强风暴天气关系密切。几乎大多数暴雨和强天气都有湿舌存在(孙继松等,2014)。强对流系统常常在湿舌的西侧开始爆发,之后向南向东传播。湿舌与北侧或西侧的干区形成鲜明的湿度对比,这种干锋(也有人称为湿锋、干线或露点锋)是强对流的一种触发机制。因此,该区也是强天气极易发生的地区。观测也表明,龙卷等强天气最常在湿度场梯度最大的地区发生。这表明围绕着这个干湿区存在着垂直环流。上升支在湿区,下沉支在干区。由于湿舌在水汽供应和建立不稳定层结中的重要作用,目前有人把低空湿舌的存在看作是风暴发展的一个必要条件。

### C2.1.2 低空急流

低空急流是指 600 hPa 以下出现的强而窄的气流带。其中在 850 hPa 和 700 hPa 上的低空急流最为明显,风速大于 12 m/s,最大风速可达 15~25 m/s,甚至更大。急流附近的水平切变和垂直切变都十分明显。影响我国的低空急流最常见的是西南—东北向的。但有时也出现东风急流,气流主要来自东海、甚至黄海,这种情况常在当副高位置偏北时出现。

低空急流是动量、热量和水汽的高度集中带。它被认为是给中纬度暴雨和强风暴提供水汽和动量最重要的机制。在暴雨和强暴雨出现的前期,经常有低空急流发展北伸。据统计,在我国华南和华北地区,70%~80%的暴雨发生与低空急流有关。在飑线等强烈风暴发生时也常观测到低空急流。

低空急流主要有 3 个方面的作用:①通过低层暖湿平流的输送产生不稳定层结;②急流最大风速中心的前方有明显的水汽辐合和质量辐合或强上升运动,这对于强对流活动的持续发展是有利的;③急流轴左前方是正切变涡度区,有利于对流活动的发生。绝大部分暴雨发生在低空急流左侧 200 km 内,多数又降落在低空急流的左前方。

此外,中空急流(500 hPa 高度≥18 m/s)对强对流活动也有明显的影响。有时在大暴雨发生前常看到中空急流存在。美国的局地强风暴研究也把中空急流的存在看作是风暴出现的条件之一。Miller(1972)研究了产生龙卷的天气型,共有 5 种。他强调最可能发生局地强风暴的地区是在中空急流之下。也有人指出,飑线常在中空急流轴的北侧发展。

### C2.1.3 逆温层

在强对流爆发前,中低层常常有逆温层和稳定层,它相当于一个阻挡层,暂时把低空湿层与对流层上部的干层分开,阻碍对流的发展,使风暴发展所需的高静力能得以积蓄。考虑到上述逆温层一般具有干、暖特性,故常常称"干暖盖"。这是一个通俗、形象化的术语,它把低空逆温层比喻为盖在其下层空气柱顶上的一个盖子。

"干暖盖"一方面抑制对流,另一方面也是对大气低层不稳定能量进行储存和积累。在对流没有发生之前,"干暖盖"阻碍了暖湿空气向上穿透。同时,水汽平流和边界层加热使得逆温层以下的气层更加暖湿。而在低层逆温层之上的中高空常常有冷平流,从而对流层中上层变得更冷。这种过程进行较长时间,于是积累了潜在的对流不稳定,一旦有了某种触发机制使得逆温层破坏或者除去,便会出现爆发性的强对流活动。逆温层的作用是使得不稳定能量不至于零散释放,而是集中在具有强大触发机制的地区释放,造成剧烈的对流天气。破坏或消除逆温层主要有两种方式:①地面加热;②有组织的垂直运动。破坏逆温层所需的抬升距离为100 hPa的量级。因而一股气旋尺度的上升运动可以在 6 h 内使得逆温层消失。

"干暖盖"是许多暴雨、雹暴前期的共同性特征。因此,分析预报强烈对流天气的时候,要充分注意中低层干暖盖的存在及其对不稳定能量积累的作用。

### C2.1.4　环境干空气

雷暴一般是在干冷的环境中增长或发展起来的,这种干冷空气通过两个作用影响雷暴的发展:一是补偿的下沉运动,一是吸入作用。

首先来看下沉运动的作用。在积云中上升的空气总量,总会由云外下沉的质量输送来补偿。下沉空气按照干绝热下沉压缩增暖。这减少了云内外的温差和云空气的浮力。此外,云外下沉气流也可以产生拖带作用,阻碍云中的垂直加速度。

再来看吸入作用。吸入是指从对流云环境中吸入空气,并且与云中上升气流或下沉气流的饱和空气相混合,影响云中气流的热力特征及垂直运动的过程。云在上升过程中,由于混合有大量的云外空气卷入云内,云外的空气是未饱和的干冷空气。由于云内空气与云外空气的显热混合,以及云中水分在吸入空气中蒸发,云内空气变冷。使得云内外温差减少,相应地云中浮力减少,上升气流的动能减少。云所达到的高度降低,从而使得云的发展受到影响。

吸入率与云体的直径成反比,并且半径小的云体,其面积与体积比也比半径大的云体大,因而越小的云,越容易受到吸入的影响,从而使其发展受到抑制。这也说明了为什么小的积云一般消失很快(如晴天积云),而不能发展成为大的积雨云。对于较大的云,由于吸入的作用,云顶高度也只有 3~6 km,即为气块浮力达到最大值的高度,而不是按照气块理论要求的更高的高度(如 12~16 km)。这表明吸入作用相当于造成某种阻力或摩擦力,与浮力近于平衡。对于大积雨云(直径为 8~12 km),其中心上升气流受外围气流保护而不与环境空气混合,因此积雨云常能达到最大高度,即达到由气块理论所预报的高度。

吸入对风暴中的下沉气流也有影响(参看 3.2.1.2 节 DCAPE)。下沉气流中含有凝结的水分,它是按照湿绝热下沉增暖的。从中间层吸入的干冷未饱和空气与饱和空气混合后,使得其中的水汽蒸发造成冷却,这样到达地面的空气温度低,成为冷的出流。另一方面,进入下沉气流的环境干空气具有中层环境的较高动量,这使得下沉气流能够穿过风暴向前流动,并与前方暖空气辐合,由此造成的抬升能不断使得上升气流再生,延长风暴环流的生命期。

由此可见,吸入有两个作用。一个是使得上升气流减弱,积云不能达到由气块理论所给出的高度。另一方面是使得下沉气流变得更冷,增强下沉气流,有利于新的云系在前方形成。这两种作用的综合效果使得云体更快地更替。

### C2.1.5　低空辐合和上升运动

对流云与低空辐合区有密切的关系。有许多天气系统可以造成低空辐合,如气旋、冷锋、切变线、辐合线等。锋面是产生有组织雷暴系统的一个重要机制,它可以触发锋前不稳定区能量的释放,造成强烈的对流。有时锋上出现气流的辐合区,可以造成大片对流区或强降水形成。随着强对流活动的发展,使得锋面切变线进一步加强或造成一条新的中尺度切变线。低空风的切变线或辐合线也是启动对流活动的系统。这种切变线不但有明显的低空辐合,而且往往是气团的边界线,与干锋或露点锋有关。这进一步有利于风暴的发生。低压槽也可以产生明显的低空辐合,暴雨和强对流常常发生在地面气压槽内。有人把气压在 995～1000 hPa 的气压槽看成是产生龙卷的强对流系统发生的条件之一。在低压槽内常由明显的气流辐合线,沿着此辐合线,既有风向又有风速辐合,因而可造成较强的上升运动。

垂直运动的分布与暴雨或强对流区有明显的关系。暴雨位于上升运动区,但不一定与上升运动最大中心一致。有个例分析表明:暴雨区的西北面是下沉区,西南面是上升区。

在暴雨和强天气预报时,一般认为 500 hPa 强的正涡度平流是有利的大尺度条件,因为人们认为涡度平流作为准地转 $\omega$ 方程中的主要强迫项,可以产生明显的上升运动,但这常常会给预报员带来不正确的结果。当对流层中部涡度场转弱的情况下,应该关注对流层下部的暖平流。因为在这种情形下,温度平流是准地转 $\omega$ 方程中的主要强迫项,其作用可以超过涡度平流。因此当强位势不稳定区中出现明显的低空暖平流时,所产生的抬升作用可以产生显著的强天气过程。

## C2.1.6 地形

地形与强对流尤其是与暴雨的关系密切。地形对过山气流有动力抬升和辐合作用。由山脉产生的山脉波在有利条件下可以造成明显的垂直运动,使得低空湿层抬高,从而触发对流发生。另外,由于中小尺度地形的粗糙度的变化,也可以使得湿层垂直移速增加。而一些特殊的地形如喇叭口地形对气流有明显的辐合作用,使得气流辐合、形成强迫抬升,从而增强暴雨。如 1975 年 8 月 5—7 日河南驻马店板桥水库出现的特大暴雨(1631 mm)。所以,人们把地形看作是强对流发生的一个触发条件。但是由于观测条件有限,以及许多强风暴发生在平原地区的事实(如美国),因而地形对强风暴的作用不是本质性的。

低空急流对地形雨的增强有重要作用。为了维持较高的液态水含量,在山区必须有强低空急流。一般冷锋前常常存在低空急流,因而锋前地形的增幅作用最明显。

## C2.1.7 其他对流触发机制

作为强对流活动启动机制还有很多,例如,重力波、密度流、弧状云线、边界层非均匀加热和海陆风环流等(Markowski et al.,2010;俞小鼎 等,2020)。下面介绍 2014 年 7 月 27 日午后由于对流出流和海风锋触发杭州湾西海岸飑线的过程(Zhang et al.,2021),其他触发机制不再逐一介绍。

27 日午后,杭州湾西海岸及其周边地区的大气非常不稳定,对流不断生成、发展、加强,16 时 50 分形成飑线(图 C8)。在此次飑线发展演变过程中,杭州湾西侧狭窄的西海岸处对流 A2 发展加强(图 C8b 箭头所指),对飑线的形成起到了关键作用。

基于多普勒天气雷达四维变分同化分析系统(VDRAS)得到的高时空分辨率三维分析场,可以非常清楚地看到杭州湾西海岸附近海风垂直环流的变化(图 C9)。受海陆热力差异影响,白天陆地受热升温快,海洋受热升温慢,因而午后近地面的风由海洋吹向陆地,而边界层顶部附近的风是由陆地吹向海洋,海风垂直环流非常明显(图 C9a)。15 时 30 分,西边的对流系统逐渐东移靠近杭州湾,海风环流逐渐东退,但低层的偏东风还是较强(图 C9b)。随着对流系统的不断东移,海风环流东退到杭州湾并逐渐减弱(图 C9c,d)。

Zhang 等(2021)研究发现,27 日海岸线附近对流 A2 的触发与辐合的位置及强度有关(图

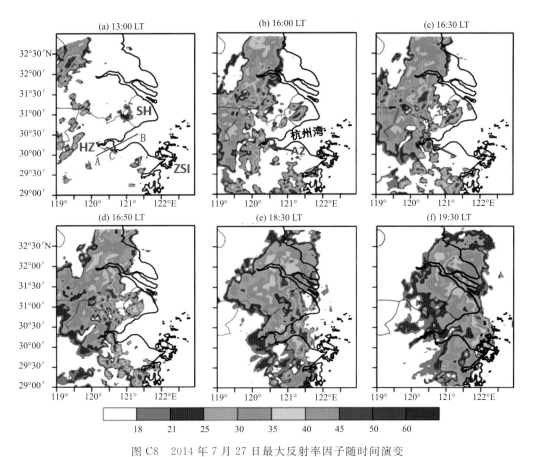

图 C8　2014 年 7 月 27 日最大反射率因子随时间演变

(a)13 时,(b)16 时,(c)16 时 30 分,(d)16 时 50 分,(e)18 时 30 分,(f)19 时 30 分

(图 C8a 中的 SH、HZ、ZSI 分别表示上海、杭州、舟山群岛,AB 为图 C9 剖面图的剖线,其中 C 点
为 AB 与海岸线的交点;图 C8b 和 8c 中指出了对流单体 A2 的位置(Zhang et al. ,2021))

C10)。随着杭州湾西侧对流的发展东移,偏西风对流出流也加强东移,而杭州湾狭窄的西海
岸附近盛行偏东风海风,两者在 R2 区域相遇(图 C10b),触发了对流 A2(图 C10j)。此后,偏
西风继续东移加强,而海风强度基本维持(图 C10c,d),低层辐合加强,因此对流 A2 迅速加强、
发展为对流系统(图 C10k,l),它连接了南北两段线状对流,从而形成了海岸线附近的飑线(图
C8d)。

## C2. 2　转换条件

　　垂直风切变是指环境风的垂直切变,即水平风(包括大小和方向)随高度的变化。只有在
与水平风切变不混淆的情况下,才可将垂直风切变简称为风切变。在风暴的形成、发展、传播
和分裂过程中,垂直风切变都起了很大作用。

　　垂直风切变的大小往往与形成风暴的强弱密切相关。在给定湿度、不稳定性及抬升的深
厚湿对流中,垂直风切变对对流性风暴组织和特征的影响最大。它决定了对流系统采取的是
普通单体雷暴还是多单体雷暴或是超级单体雷暴的形式。表 C2 给出的是不同类型风暴的环
境风切变值。

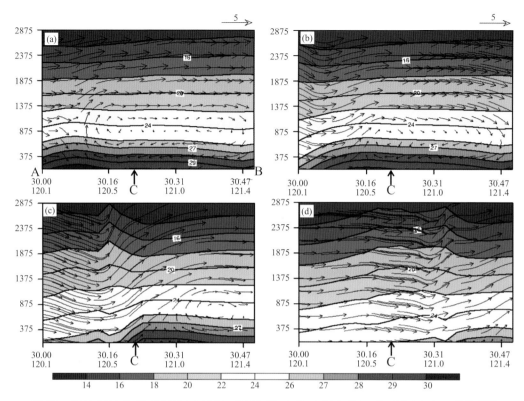

图 C9　2014 年 7 月午后(a)14 时,(b)15 时 30 分,(c)16 时 30 分,(d)17 时 30 分杭州湾
西海岸附近温度、风场的垂直环流特征(Zhang et al.,2021)
(垂直速度扩大了 10 倍,AB 剖线位置见图 C8a,C 为剖线与海岸线交点)

表 C2　不同类型风暴的环境风切变值

| 风暴类型 | 切变值(云底至云顶)($10^{-3}$/s) |
| --- | --- |
| 多单体风暴 | 1.5~2.5 |
| 超级单体 | 2.5~4.5 |
| 强切变风暴(飑线、雹暴等) | 4.5~8.0 |

　　弱垂直切变环境下的对流风暴多为普通单体风暴或组织程度较差的多单体风暴(图
C11a)。这是因为在弱的垂直风切变环境下,上升气流中形成的降水质点不能脱离风暴的上
升气流区。这样,降水就穿过上升气流降落,进入风暴低层的入流区,导致上升气流中水负载
的明显增加,最终使得风暴核消失。上升气流和下沉气流不能长时间共存,风暴难以有组织地
持续发展成为强风暴。此外,在弱垂直风切变时,单体雷暴周围的新雷暴难以发展。这是因为
弱的垂直切变常表示弱的环境气流,风暴移动缓慢。在这种情形下,对流云的下沉气流产生的
冷空气堆在地面上各个方向均匀地传播。沿着冷空气堆外围的阵风锋能够激发新的单体,但
是阵风锋移速超前于风暴,导致新单体与母风暴脱离,最终使风暴消亡。

　　强垂直切变下容易形成多单体风暴、飑线、超级单体风暴等有组织的对流风暴(图 C11b、
c)。在强的垂直风切变环境中,上升气流倾斜,这使得上升气流中形成的降水质点能够脱离上
升气流,而不会因降水的拖曳作用减弱上升气流。并且,能够使阵风锋前部的暖湿气流源源不

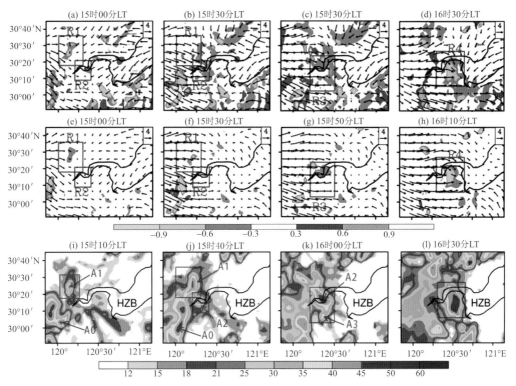

图 C10　第一行和第二行分别为 2014 年 7 月 27 日午后杭州湾西海岸附近 125 m、625 m 处的辐合辐散情况。第三行为杭州湾西海岸附近最大反射率因子的变化情况。图 C10a~h 中的 R1,R2,R3 和 R4 是有明显辐合且与对流发生发展相对应的区域。A0,A1,A2 和 A3 表示不同的对流单体或者对流系统(Zhang et al.,2021)

断地输送到发展中的上升气流中去,上升气流和下沉气流共存的时间得以延长,新单体将在前期单体的有利一侧有规则地形成。强的垂直风切变有利于庞大的雷暴云的发展。

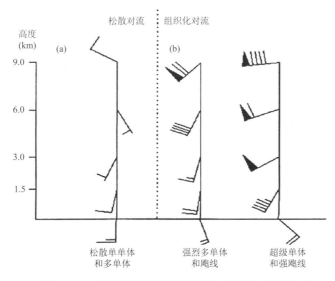

图 C11　垂直风切变对对流风暴组织与结构的影响(ROC/NWS/NOAA,1998)

## C2.3 增强条件

### C 2.3.1 高空急流

在预报强雷暴或强天气时,还应该考虑对流层上部的高空辐散机制。在许多情况下,高空急流是产生高空辐散的机制之一。在中纬度,强雷暴或飑线最常出现的地点是高空急流(或中空急流)影响区。

高空辐散机制具有两个作用。一个是抽气作用,可以形象地把对流上升气流看作"烟筒",那么当有高空急流时,这个烟筒向上呈倾斜状,"烟筒"顶部的强风起着抽吸作用,有利于上升气流的维持和加强。另一个是通风作用,在对流云体发展的过程中,由于水汽凝结释放潜热,会使得对流云的中上部增暖,整个气柱趋于稳定,从而抑制对流的进一步发展。当有高空急流存在时,对流云中上部所增加的热量,就不断地被高空强风带走,起着通风作用,有利于对流云的发展和维持。

由于高空急流轴的轴线内风速不均匀,有大风速核的传播。人们将急流入(出)口不同部位的散度分布与对流的发展联系起来研究。在对流层高层(200～300 hPa),绝对涡度的局地变化 $\frac{\partial \zeta_a}{\partial t}$ 很小。因而,涡度方程中的散度项近似地为涡度平流项所平衡,即

$$\nabla \cdot \boldsymbol{V} \approx \frac{\boldsymbol{V}}{\zeta_a}\frac{\partial \zeta_a}{\partial s} \tag{C3}$$

由上可知,在对流层高层,正涡度平流(positive vorticity advection,简称 PVA)与辐散相联系,负的涡度平流(negative vorticity advection,简称 NVA)与辐合相联系。

根据示意图 C12,大风核左侧为气旋性(正)涡度中心,右侧为反气旋性(负)涡度中心。因此,在大风核的左前方和右后方(Ⅰ、Ⅲ象限)为正涡度平流和高空辐散区。大风核的左后方和右前方(Ⅱ、Ⅳ象限)为负涡度平流区和高空辐合区。

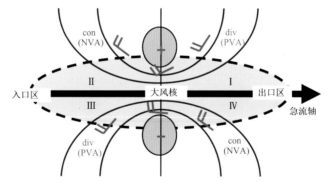

图 C12　高空急流大风核附近的散度和涡度平流分布
(黑色虚线所围区域为急流区,中心为大风核,div 表示辐散,con 表示辐合)

### C2.3.2 高低空气流耦合对强风暴发展的作用

当高低空气流耦合时,特别是高空急流出口区的高低空急流耦合常常有利于强对流风暴的发生和发展。在这种形势下,低层低空急流造成暖湿空气输送,高空急流造成干冷空气平流,从而加强了大气潜在不稳定。而且高低空急流耦合产生的次级环流上升支将触发潜在不稳定能量的释放(寿绍文 等,2008;孙继松 等,2014)。